아이들이
마음으로
글을 씁니다

그린이 배민경

홍익대학교, 대학원에서 동양화를 공부했다. 순수 작업을 하다 더 많은 사람들에게 다가가고 싶은 마음에 일러스트레이션 작업을 하게 되었다. 지금은 일러스트레이션 박사 과정을 공부하며 재미있는 이야기를 그림으로 담아내길 꿈꾸고 있다. 『세상에서 가장 쉬운 상대성이론』, 『재능을 만드는 뇌신경 연결의 비밀』, 『모래 폭풍 속에서 찾은 꿈』, 『소가 된 게으름뱅이』, 『효자가 된 불효자』, 『나의 아름다운 고양이 델마』 그리고 시니어 그림책 『하얀 봉투』에 그림을 그렸다.

아이들이 마음으로 글을 씁니다

초판 1쇄 발행 2023년 6월 20일

지은이 오수민

기획편집 도은주, 류정화
마케팅 박관홍
외주편집 박미정

펴낸이 윤주용
펴낸곳 초록비책공방

출판등록 제2013-000130
주소 서울시 마포구 월드컵북로 402 KGIT 센터 921A호
전화 0505-566-5522   팩스 02-6008-1777

메일 greenrainbooks@naver.com
인스타 @greenrainbooks @greenrain_1318
블로그 http://blog.naver.com/greenrainbooks
페이스북 http://www.facebook.com/greenrainbook

ISBN 979-11-91266-94-8 (03590)

어려운 것은 쉽게 쉬운 것은 깊게 깊은 것은 유쾌하게

초록비책공방은 여러분의 소중한 의견을 기다리고 있습니다.
원고 투고, 오탈자 제보, 제휴 제안은 greenrainbooks@naver.com으로 보내주세요.

아이들이
마음으로
글을 씁니다

오수민 지음

초록비책공방

아이들의 글쓰기 성향 테스트

아이들의 글쓰기 성향을 4개로 구분하고 별명을 달았습니다.

`조금조금` 천천히 쓰는 아이들　　　`주저주저` 소심한 아이들
`삐걱삐걱` 마음이 삐걱거리는 아이들　`와글와글` 소통하는 아이들

괄호에 √ 체크하고 성향별로 숫자를 세어주세요.
√ 표시를 가장 많이 받은 성향 쪽 테스트 결과를 확인해보세요.

1. 말하기가 더 좋아? 듣는 게 더 좋아?

조금조금 (　　　)

난 할 말이 별로 없어. 친구들과 놀 때도 마찬가지야. 같이 있기만 해도 즐거워. 누군가 내게 말을 걸어오면 길게 얘기하지 않았으면 좋겠어.

주저주저 (　　　)

말한다는 생각만 해도 어질어질해. 친구들이 이야기할 때 언제 끼어들어야 할지 타이밍을 못 잡겠어. 듣는 쪽이 편해.

삐걱삐걱 (　　　)

이야기를 하고 싶은데 어떻게 해야 할지 모르겠고 답답해. 힘든 내 마음을 어떻게 표현할 수 있을까?

와글와글 (　　　)

듣는 것도 재미있지만 말할 때 더 신나. 친구에게 하고 싶은 이야기가 얼마나 많은지, 입이 근질근질해.

2. 글을 빨리 쓰는 편이야? 아니면 천천히 쓰는 편이야?

조금조금 (　　　)

글쓰기 주제도 잘 생각나지 않고 빨리도 못 써. 몇 줄만 적는 데도 오래 걸려. 재촉하지 말아줘.

주저주저 (　　　)

내가 느리다는 것을 남들이 알까 봐 불안해. 연필을 만지작만지작 하면서 시간을 끌게 돼. 나도 친구 들처럼 막힘 없이 쓰고 싶어.

삐걱삐걱 (　　　)

난 친구나 가족에게 말하지 못한 이야기가 많아. 할 수만 있다면 빨리 털어놓고 싶은데 어려워. 글로 보여줄 용기가 안 나.

와글와글 (　　　)

어떤 이야기를 쓸지 글감을 보자 마자 바로 떠올라. 손이 저절로 움 직이는 것 같아. 빨리 쓰고 친구들 의 반응을 보고 싶어.

3. 글쓰기를 싫어하는 걸까? 재미있어 하는 걸까?

조금조금 (　　　)

글쓰기를 별로 해보지 않아서 잘 모르겠네. 친구들과 밖에서 놀거 나 게임하는 건 좋다고 바로 말할 수 있는데. 음, 글쓰기가 싫긴 한데 잘하게 되면 좋겠다.

주저주저 (　　　)

난 친구보다 뛰어난 게 하나도 없 어. 글을 쓰려니까 망설여져. 하지 만 감정를 마음대로 표현하는 내 모습을 상상하니까 기분이 좋아.

삐걱삐걱 (　　　)

친구나 가족에게 힘든 마음을 이해 받고 싶은데 내가 먼저 표현하고 싶지는 않아. 글쓰기는 부담스럽지 만 내 글을 보고 누군가 위로해준 다면 해보고 싶기도 해.

주저주저 (　　　)

외로워서 눈물을 뚝뚝 흘렸던 날 도, 즐거워서 깔깔 웃었던 날도 모 두 쓰고 싶어. 내가 느낀 감정을 표현하고 싶거든.

4. 혼자 글 쓰는 게 좋아? 다 같이 모여서 함께 글 쓰는 게 좋아?

조금조금 (   )

내가 하고 싶은 대로 하려면 혼자가 좋아. 옆에서 아무 말도 하지 말아줘.

주저주저 (   )

이렇게 쓰는 게 맞는 걸까? 옆에 친구가 있으면 내 글을 볼까 봐 신경쓰여.

삐걱삐걱 (   )

혹시 친구가 나한테 속상한 게 있을까? 자꾸 친구를 쳐다보는 나. 근데 혼자 있으면 왜 외롭고 불안한 걸까?

와글와글 (   )

친구와 이야기하면서 웃고 떠들면 글쓰기 영감이 떠올라. 쓰고 싶은 마음이 저절로 생겨.

5. 쓴 글을 혼자 간직하고 싶니? 아니면 친구나 가족이 내 글을 봐주었으면 좋겠니?

조금조금 (   )

누군가 내 글을 봐주면 좋겠어. 친구들이 내 글에 스티커를 달거나 댓글을 달아주기를 기다려. 부모님이 칭찬해주면 기분이 좋아. "겨우 이만큼 썼어?" 대신 "잘했다."라고 하면 자신감이 생겨.

주저주저 (   )

'내 글은 별로야. 친구들은 정말 잘 쓰는데' 이러면서 감추고 싶기도 해. 친구가 내 글의 좋은 점에 대해 말해준 날이 있었어. 여러 번 읽어봤지. 그 댓글 하나를 소중히 간직하고 있어. 정말 행복했어.

삐걱삐걱 (   )

괴롭고 힘들 때마다 혼자 울었어. 용기를 내서 속상했던 사연을 글로 쓴 날이 있었어. 친구들이 위로의 말을 댓글로 남겨주었는데 눈물이 났어. 다른 사람이 볼 수도 있는 공간에 감정을 표현한 글을 올리면 공감받을 수 있다는 사실을 알았어.

와글와글 (   )

좋아하는 음악, 재미있게 본 책 이야기를 친구들에게 알려주고 싶어. 파자마 파티를 한 일, 가족과 여행을 간 날도 기록으로 남기고 싶어. 내 모든 것을 사람들과 나누고 싶어. 글로 소통하는 시간은 말로 할 때와 또 다른 매력이 있어.

6. 글을 다 쓰면 바로 올리고 싶어? 글을 다 써도 다른 사람 뒤에 올리고 싶어?

조금조금 (   )

조금씩 쓰니까 글 분량이 별로 많지 않아. 어떤 친구들은 글을 한꺼번에 많이 쓰던데…. 글을 다 써도 올리지 않고 기다릴 때가 많아.

주저주저 (   )

내 글을 누가 읽을까 봐 불안해. 다들 먼저 올라온 글을 많이 읽으니까 난 마지막에 올려야겠어.

삐걱삐걱 (   )

내 글을 누군가 읽어주었으면 하는 마음과 아무도 보지 않았으면 하는 마음 사이에 있어. 어떤 때는 쓰자마자 바로, 어떤 날은 다 써놓고도 기다렸다가 끝에 올리기도 해.

와글와글 (   )

글감을 보자마자 어떻게 쓸지 아이디어가 딱 떠올라. 먼저 올리면 친구들이 많이 읽으니까 난 1번으로 올리고 싶어.

7. 네가 쓴 글이 마음에 드니? 아니면 마음에 들지 않니?

조금조금 (   )

국어 시간에 "글쓰기를 해보세요." 이렇게 선생님이 말씀하시면 머리가 지끈지끈 아파. 하나도 못 쓸 때도 있지만, 몇 줄이라도 끄적이고 나면 마음이 개운해.

주저주저 (   )

글쓰기를 한 줄 썼다가 지웠다가 다시 해보고 이럴 때가 많아. 반에서 선생님이 잘 쓴 친구 글을 읽어주실 땐 부러워. 꾸준히 연습하면 나도 글을 잘 쓸 수 있을까?

삐걱삐걱 (   )

내 글이 마음에 드냐고? 지금은 누가 볼까 싶어서 몇 줄 쓰기도 어려워. 하지만 내 감정이 종이에 그대로 옮겨지는 장면을 상상해봤어. 글을 쓰면서 위로를 많이 받을 것 같아.

와글와글 (   )

내 글은 모두 소중해. 카페에 글을 올리고 나서 '좋아요' 빨간 하트를 '쿡' 눌러. 스스로 마음에 들었다는 표시야. 친구들이 읽기 전에 내가 댓글을 달기도 해. 남들 상관 없이 내가 좋으면 최고인 거지!

조금조금 천천히 쓰는 아이들

여러분은 혼자 조용히 작업하는 것을 좋아합니다. 다른 사람에게 영향받지 않고 자기 속도로 가고 싶어 합니다. 'OO해'라는 말을 들으면 시작하기 전에 싫은 마음이 앞섭니다. 말하기를 좋아하지는 않지만 무엇인가 전하고 싶은 마음은 늘 있습니다. 관심 있는 분야라면요. 글을 꼭 길게 써야 할 필요는 없습니다. 단어 몇 개를 사용해서 문장 하나를 만들고 또 한 줄을 적으면서 늘려가면 되지요. 시를 써보면 어떨까요? 여러분이라면 짧은 문장으로도 재미있게 하고 싶은 이야기를 전해줄 수 있을 것 같아요. 시라면 간결한 문장을 줄을 바꿔가면서 쓰니까 조금만 적어도 많아 보이죠. 여러분이 쓴 시가 다른 사람들의 시선을 사로잡는 모습이 그려집니다. 독자들은 시 속의 인상 깊은 문장 하나를 한참 들여다보겠죠. 어떤 때는 깔깔 웃기도 하면서요.

주저주저 소심한 아이들

여러분은 섬세하고, 관찰을 잘하고, 다른 사람의 말을 경청하는 능력을 지녔어요. 감정도 풍부하고요. 단지 말이나 글로 속마음과 생각을 밖으로 꺼내는 연습이 안 되었을 뿐이에요. 지금은 말보다 글이 더 편할 거예요. 남의 눈치를 보지 않고 천천히 써볼 수 있으니까요. 사람들 앞에서 말하려고 하면 긴장이 되면서 할 얘기도 잘 못하잖아요. 가만히 마음에서 우러나오는 목소리를 들어보세요. 지금까지 마음속에 간직해온 이야기를 글로 표현해보고 싶은 욕구를 발견할 수도 있을 거예요. 남에게 보여주기 싫다면 혼자 간직하는 글을 먼저 써보세요. 잠시 기다리면 쓰고 싶은 소재가 떠오를 것입니다. 처음에는 힘들겠지만 용기를 내서 카페에 글을 올려보세요. 그러다 보면 어느새 글쓰기를 좋아하는 나를 만날 수 있을 거예요..

삐걱삐걱 마음이 삐걱거리는 아이들

내 마음을 알아주는 사람이 없어서 많이 힘들고 슬프죠? 누군가에게 이야기를 하고 싶기도 하고 혼자만의 시간을 보내고 싶기도 하고요. 아무 말 하지 않아도 다른 사람들이 다독여주면 얼마나 좋을까 바라게 되지요. 화나고 속상한 마음을 어떻게 풀어야 할지 마음이 답답할 때 글쓰기를 친구로 두면 좋습니다. 무슨 일이 일어났고 어떤 감정을 느꼈는지를 그대로 적어보는 거예요. 마음을 무겁게 짓누르는 것들을 밖으로 꺼내보세요. 솔직한 심정을 담은 글이 친구들의 마음에 가 닿을 거예요. 글을 읽고 눈물을 흘리며 다정한 위로의 말을 걸어오는 친구도 있을 겁니다. 카페에 하나씩 글을 올리면 마음속 응어리가 천천히 풀어질 거예요. 응원하고 있을게요.

와글와글 소통하는 아이들

글쓰기를 할 때 '이까짓 거!' 하는 마음으로 시작하는 친구죠? 글을 잘 쓰겠다며 긴장하지도 않죠. '내가 쓴 건 뭐든 다 좋아' 이러면서요. 친구들이 내 글을 좋아하고 댓글을 많이 남겨주기를 바래요. 글쓰기 카페를 수시로 들어와 조회수와 댓글 수를 세어보는 날이 많고요. 하지만 없다고 해도 별로 상관하지 않죠. 자신감이 넘치는 날이면 카페에 글을 올리자마자 '좋아요' 하트 버튼을 직접 꾹 누르고 댓글을 쓰는 모습도 멋진데요? 아마 글감을 보고 무엇을 쓸까 많이 고민하지 않을 거예요. 생각나는 대로 바로 글쓰기에 돌입하는 편이죠. 여러분은 친구들과 함께 소통하는 즐거움을 마음껏 누리면서 글을 쓰는 타입입니다.

아이들 글쓰기, '두려움'을
깨는 것에서 시작합니다

아이들에게 자유롭게 말할 기회를 주면 '자기가 글쓰기를 얼마나 싫어하는지'를 비롯해 '글쓰기로 인해 힘들었던 사연'을 말합니다. 훈련할 정도로 이야기하게 한 후 '만일 여러분이 글을 잘 쓴다면 뭐가 좋을 것 같나요'라고 물어보면 싫어했던 이유는 갑자기 잘하고 싶다는 소망으로 바뀝니다.

아이들도 글쓰기의 힘을 잘 알고 있으며 마음속으로 그 힘을 자기도 갖기를 바랍니다. 하지만 아쉽게도 자기 길이 아닌 줄 알고 일찍부터 포기해 글쓰기 세상에서 멀어지는 경우가 많죠. 글을 쓰는 방법을 익히기도 전에 '글쓰기의 두려움'을 먼저 알아버린 것입니다.

글쓰기 프로그램에 찾아온 아이들과 대화를 나눠보면 글쓰기가 즐거웠다는 아이들이 거의 없습니다. 대부분 괴롭고 힘들었던 기억을 가진 아이들입니다. 어린 시절부터 글쓰기 앞에 큰 벽을 만들고 넘을 생각을 감히 하지 못합니다. 시간이 지날수록 그 벽은 높아지고 더 단단해집니다.

이렇게 글쓰기를 두려워하는 아이들이 어른으로 성장하면 어떤 모습이 될까요. 생각을 글로 표현하는 데 어려움을 겪게 될 거예요. 한 문장 쓰기도 두려울 겁니다. 글쓰기 프로그램에 등록한 성인이 입을 모아서 말하는, 글쓰기 공포를 느낄 텐데요. 만약 어릴 때부터 글쓰기의 즐거움을 알게 된다면요? 인생 방향이 달라지겠지요? 원하는 이야기를 자유롭게 말하는 사람, 자기감정을 이해하는 사람, 자기 생각을 다른 사람에게 논리적으로 전달하는 사람이 되어 있을 거예요. 글쓰기의 힘이지요.

글쓰기를 통해서 아이들이 어떻게 변화해가는지 많이 볼 수 있었습니다. 초등학교 5~6학년 대상으로 수년간 독서 토론을 진행하고 있는데요, 토론을 마치면 항상 글쓰기 시간을 배정합니다. 처음엔 말 한마디도 하기 어려워하던 아이들이 6개월, 1년, 2년이 지나면 자기 생각을 자유롭게 표현하는 모습으로 달라집니다. 누군가 자기 이야기에 공감하고 칭찬을 해줄 때, 어떤 이야기든 다 할 자유를 누릴 때, 아이들이 글쓰기의 즐거움을 알아갑니다. 가르치지 않아도 스스로 알게 되는 거죠.

아이들은 누군가 자기 이야기에 귀 기울여주기를 기대합니다. 하지만 아이에 따라 글쓰기에 마음을 내주는 속도는 각각 다릅니다. 속마음을 금방 내비치는 경우도 있고 수개월이 지나도 변화가 보이지 않을 때도 있습니다. 이때 아이의 마음을 지

레짐작하여 끌어가지 말고, 자기 속도대로 글쓰기와 가까워지도록 한다면 끝내 자기 길을 찾아갑니다. '이렇게 해라', '저렇게 해라'라고 가르쳐주지 않는 편이 더 좋습니다.

친구들이 함께 모여 글을 쓰고 서로를 격려하면서 좋은 점을 알아가는 프로그램을 만들고 싶었습니다. 운영자로서 아이들을 일방적으로 가르치기보단, 함께 생각하는 방향으로 유도해야겠다고 방침을 정했지요. 맞춤법이나 띄어쓰기, 글을 잘 써야 한다는 압박감 때문에 아이들의 생각이 막히지 않기를 바랐습니다. '오로지 자기 마음에만 집중하면 어떨까. 아이들이 글쓰기 카페를 찾아와 언제나 하고 싶은 이야기를 할 수 있는 공간으로 여긴다면?' 환대받는 글쓰기 환경이라면 아이들이 두려워하지 않고 마음대로 글을 쓰면서 즐겁게 지낼 거라고 믿었습니다. 아이들에게 '잘 쓰는 기술'이 아니라 '쓰고 싶은 마음'을 자극해주고 싶었습니다. 맞춤법 공부, 문장 구성하기, 글쓰기 전략이 왜 그렇게 중요한가요? 글쓰기를 이미 싫어하게 된 다음에는 아무 소용이 없습니다. 해보니까 글쓰기가 어렵지 않다는 걸 깨닫고, 자기 마음과 생각을 표현하는 데 재미를 느낀다면, 아이들은 글쓰기를 자연스럽게 친구로 여깁니다. 한번 친한 친구를 만들어두면 결코 헤어지지 않죠. 평생 친구가 되는 겁니다.

'가르쳐주지 않겠습니다'라고 계획한 온라인 글쓰기는 계획한 대로 흘러갔습니다. 아이가 마음을 표현하는 글감, 감정을 터트리는 글감, 자기 의견을 말하는 글감, 다른 사람의 입장에서 생각해보는 글감, 상상력을 키우는 글감, 생각을 확장하는 글감, 시 쓰기 글감, 판단하고 결정해보는 글감, 선택해보는 글감, 책을 추천하는 글감을 준비했습니다. 글쓰기 첨삭은 전혀 하지 않고 좋은 점을 칭찬하고 응원해주었습니다. 이러한 방침은 아이들에게 통했습니다. 처음 열두 명으로 시작한 인원이 계속 늘어났습니다. 다른 강사님들도 같이 합류했고 모집 인원은 1년 만에 120명이 됐습니다.

이 책은 글쓰기 방법론을 다룬 내용이 아닙니다. 아이들이 글쓰기의 두려움을 깨고 '글쓰기의 재미'를 알게 되는 과정을 다룬 책입니다. 함께 글을 쓰는 공간을 마련해주고 아이들을 환대하며 글에 공감한다면 아이들은 스스로 쓰게 되어 있습니다.

책은 다음과 같이 구성했습니다.

1장에서는 아이들이 말하는 글쓰기의 두려움과 즐거움을 다루었습니다. 아이들이 말하는 글쓰기를 싫어하게 된 이유를 알게 되면 어떻게 하면 달라질 수 있는지 생각해보게 됩니다. 2장에서는 아이들이 글쓰기를 좋아하게 하려면 어떻게 접근해야 하는지, 글쓰기 프로그램 운영 원칙과 글쓰기에 대한 동기부여에 대해 이야기합니다. 3장에서는 글쓰기를 처음 접하면서 즐거움을 느끼는 아이들에 대한 이야기를 담았습니다. 4장부터 7장까지는 아이들 성향에 따라 글쓰기 접근 방식을 구분해서 정리했습니다. 천천히 쓰는 아이들, 소심한 아이들, 마음이 삐걱거리는 아이들, 주도적으로 소통하는 아이들의 글과 생각, 그리고 마음을 전했습니다. 천천히 글을 쓰는 아이들은 기다려주고, 스스로를 소심하다고 느끼는 아이들에게는 자신감을 채워주고, 마음이 삐걱거리는 아이들은 표현하도록 이끌어가는 모습을 적었습니다. 또한 소통하기를 좋아하는 아이들이 글쓰기 공간에서 노는 장면을 그렸습니다. 8장에서는 아이들이 온라인 공간에서 글쓰기를 어떻게 할 수 있는지를 말했습니다. 각 장마다 글쓰기 팁은 '10분 글쓰기 강좌'에, 부모님들이 궁금해할 만한 질문과 답변은 '알쏭달쏭 상담소'에 담았습니다.

글을 쓰는 공간이 온라인이냐 오프라인이냐는 사실 중요하지 않습니다. 환경은 다르지만 자기 생각을 글로 표현한다는 건 똑같습니다. 물론 온라인 프로그램이라면 아이들이 글쓰기에 더 쉽게 다가가게 도와주는 면이 있습니다. 아이들은 손으로 쓰지 않고 컴퓨터 앞에 앉을 때 더 친숙하게 느끼니까요. 아이들이 친구들과 함께 글을 쓰고 공감하면서 소통한다면 온라인과 오프라인 공간 어느 곳에서나 활발히 움직일 수 있습니다. 교육정책에 따라 프로그램이 계속 바뀌어도 아이들은 흔들리지 않고 자기 길을 찾아가겠죠.

다른 아이들처럼 부모 손에 이끌려 글쓰기 프로그램에 찾아온 초등학교 3학년 세은이의 고백을 들어볼까요?

"글쓰기가 너무 재미있어요. 저는 이제 글쓰기를 하지 않고는 살수 없을 것 같아요. 선생님과 오래오래 글쓰기를 하고 싶어요."

올리버 색스의 자서전 『온 더 무브』(알마, 2017)에 나온 글처럼 아이들도 글을 쓰면서 '만족감'을 느끼고 '그 어떤 것에서도 얻지 못할 기쁨'을 느낍니다.

온힘을 다하여 아이들을 응원하신 학부모님들, 함께 어린이 글쓰기 프로그램을 운영한 백소연, 허유진, 오숙희, 이혜령 선생님, 글쓰기 세계로 이끌어주고 아낌없는 칭찬을 해주신 김민영 선생님, 집필 과정에 도움을 준 이은아 선생님과 김미연 선생님, 어린이 토론과 글쓰기 프로그램을 운영할 수 있도록 기회를 주신 숭례문학당 대표님께 감사드립니다. 함께 공부한 숭례문학당 학인들, 항상 격려해주신 가족과 친구들, 또 늘 지지해주신 은사 송화순 교수님 감사합니다. 이 책이 세상에 나올 수 있도록 문을 열어주신 초록비책공방 대표님께 감사드립니다. 마지막으로 한결같이 저를 사랑하고 응원해준 남편에게 고마운 마음을 보냅니다.

온라인 글쓰기 공간에서 만난 어린이 친구들, 여러분과 평생 글쓰기를 하겠다는 약속을 지키도록 노력하겠습니다.

차례

1장

아이들이 말하는
글쓰기의
두려움과 즐거움

글을 잘 써야 한다는 생각은

아이를 글쓰기의 세계에서 멀어지게 합니다.

글쓰기가 두렵고 싫은데 어떻게 잘할 수 있나요.

혼날까 봐, 틀릴까 봐, 다른 친구들보다 못 써서,

무엇을 써야 할지 몰라서

아이들은 글쓰기를 무서워합니다.

글쓰기 해보니까 별거 아니고,

한 줄이라도 자기 생각을 표현해보니

재미있다고 느껴야 달라집니다.

글쓰기의 두려움이 아니라

즐거움을 먼저 경험해보도록이요.

아이들이 말하는
글쓰기의 두려움

글쓰기 프로그램에 처음 참여하는 미연이는 "글쓰기 할 때 맞춤법이 틀릴까 봐 걱정됩니다."라는 첫 문장으로 자기소개 글을 시작했습니다. 엄마가 맞춤법이 틀렸다면서 얼굴을 찡그릴까 봐 두려워 심장이 쿵쿵 뛴다고요. 정찬이는 제일 싫어하는 과목으로 국어 시간을 꼽았습니다. 엄마 때문에 억지로 글쓰기 프로그램에 참여하게 됐다며 국어 시간에 선생님이 글쓰기를 하라고 하는데 무엇을 어떻게 써야 할지 모르겠다고 속마음을 털어놓았습니다.

초등학교 교사들은 글쓰기 수업을 진행하기 어렵다고 고백합니다. 그 이유로 이런 말들을 합니다

"아이들이 스스로 생각하고 글로 표현하기를 싫어합니다."

"아이들이 글쓰기 시간을 두려워해서 진행하기가 힘들어요."

"완성된 글을 만들기에 수업 시간이 너무 짧아요."

아이들이 정말 생각하기를 싫어할까요? 사실은 생각하는 훈련을 해본 적이 없었던 게 아닐까요? 고병권은 『생각한다는 것』(너머학교, 2010)에서 '생각한다'는 말의 의미를 '다시 생각하자', '달리 생각하자'라고 정의했습니다. 아이들은 미처 깨닫지 못하고 있을 뿐입니다. 각자 내면에 글을 쓸 능력이 충분합니다. 하지만 먼저 생각한 뒤 머릿속에 정리된 내용을 글로 쓰는 거라고 알려주면 시작하기 어렵습니다. 글쓰기 문턱을 낮춰주어야 합니다. 가령 연필을 잡거나 컴퓨터 앞에 앉아 있는 시간부터 글쓰기를 준비하는 시간으로 넣어줍니다. 한 줄도 쓰지 못해도 괜찮습니다. 앉아서 노력하는 시간도 글쓰기 연습으로 생각해줄 필요가 있습니다.

몸에 근육이 생기려면 근력을 쌓도록 반복해서 기본 훈련을 해야 하고, 달리기를 하려면 걷기부터 시작해야 합니다. 운동하러 가야지 마음 먹어도 아침에 일어나기가 얼마나 어렵나요. 마음에서 다짐하는 시간이 있어야 운동하러 나가게 됩니다. 어떤 주제를 두고 생각해보거나 글로 표현해본 적 없는 아이들에게 찾아온 글쓰기의 두려움은 너무나도 당연한 감정입니다. 맞춤법에 맞게 써야 한다거나 정해진 시간에 일정 분량을 써야 한다는 기준은 글쓰기 진입 장벽을 높일 뿐입니다. 초등학생부터 시작해서 학년이 올라갈수록 두려움의 벽을 계속 쌓아가게 만드는 거죠.

초등학생 때부터 이런 상황인데 고등학생이 되면 어떤 일이 벌어질까요? 그런 아이들은 글쓰기에 대한 나쁜 기억을 차곡차곡 쌓아가면서 실패를 경험했을 겁니다. 글쓰기란 자기를 힘들게 하는 활동이라고 낙인을 찍었겠죠. 글쓰기 세상에서 한번 멀어진 아이들은 돌아가기 어렵습니다.

고등학교 서평 쓰기 수업을 하러 가면 한 줄도 쓰기 어려워하는 학생들을 많이 만납니다. 수도권에 있는 어느 고등학교 1학년 여덟 개 반 수업을 들어갔을 때입니다. 아이들의 생각을 이끌기 위해 독서 토론을 먼저 하고 서평 쓰기 실습으로 들어갔는데요. 아이들은 자기 생각을 말하는 것부터 무척이나 어려워했습니다. 어느 반이나 비슷했죠. 아이들은 튀어 보일까 다른 친구들 눈치를 보기도 하고 무엇을 말해야 하나 고민하다가 "모르겠어요." 하며 고개를 숙였습니다. 자발적으로 발언하는 친구들은 반에서 서너 명 정도였어요. 글쓰기 시간에 자신 있게 쓰는 아이들은 한두 명에 불과했습니다. 선생님이 이끌면 서너 명 정도는 쓰려고 노력하지만 나머지 학생들은 한참을 망설이다가 몇 줄을 겨우 써서 내거나 한 줄도 못 쓰고 끝내 빈칸으로 놔두는 친구들도 있습니다. 글쓰기가 중요하다고 아무리 이야기해도 아이들의 상황은 비슷합니다. 이미 머릿속에 글쓰기는 어렵다는 이미지가 단단히 박혀 있습니다.

성인 대상으로 서평 수업을 진행할 때도 비슷했습니다. 어른들도 잘 못 쓴다고 부끄러워하고 아이들과 똑같은 마음으로 글쓰기를 두려워합니다. 글쓰기 글감으로 '글쓰기에 대한 두려움'을 내주면 참여자들은 지금껏 얼마나 글쓰기를 무서워했는지 할 이야기가 많습니다.

주위에 '글쓰기가 좋아요'라고 말하는 어른을 본 적이 있나요? 언제부터 글쓰기를 두려워하게 되었는지 자신의 과거를 되돌아보세요. 아이들은 우리와 같은 길을 걷지 않도록 접근 방법을 바꿔야 합니다. 글쓰기를 공부로 여기지 않고 마음속에 있는 말을 솔직하게 옮길 수 있는 통로이자 즐거운 놀이처럼 여기도록 다른 길을 안내해야 한다는 건데요. 아이들은 몇 번만 글을 써봐도 자기 생각이나 감정을 표현한다는 게 무슨 말인지 감을 잡습니다. 그러므로 제한된 시간에 완성된 글을 써낼 필요 없이 책장 앞에서 이 책 저 책 고르면서 마음 편히 책을 살펴보는 것처럼 글쓰기도 가볍게 접근할 수 있도록 해야 합니다.

생각한다는 게 무슨 말인지 모르는 아이들이 많습니다. "네 생각을 써봐."라고 말하면 어리둥절해지는 거죠. "아무 생각이 안 나요. 무엇을 써야 할지 모르겠어요."라는 반응을 보이기 쉽습니다. 아이들이 글쓰기 세상에 가까워지려면 글을 쓴다는 게 특별한 게 아니라는 걸 직접 경험해야 합니다. 예를 들면 긴장감을 없애도록 글을 완성해야 한다는 기준을 없애줍니다. 글을 쓰는 양도 줄여줍니다. 정해진 시간 안에 어느 정도 분량을 꼭 적어야 한다고 하면 아이들은 부담감을 느끼니까요. 글쓰기 생

각을 막는 걸림돌, 맞춤법에 맞춰 쓴다는 조건도 과감하게 없 앱니다. 첫 문장 쓰기가 어렵지 일단 시작만 하면 그다음부터 는 쉬워질 것입니다.

"지금은 아이디어를 내면서 글쓰기를 연습하는 시간입니다. 완 성된 글을 쓰는 게 아니에요. 낙서처럼 이 말 저 말 끄적이면서 아 무 이야기나 써보세요."

"글쓰기 분량은 다섯 줄 이상이지만 어려우면 한두 줄만 적어도 좋 아요. 한 문장이라도 쓰고 나면 자기 생각을 이어갈 수 있을 거예요."

"맞춤법이 틀려도 상관없습니다. 어른도 맞춤법을 어려워해요. 필요한 때 얼마든지 고칠 수 있으니까 지금은 맞춤법을 잊고 편하 게 써볼까요? 맞춤법이 틀려도 내용은 다 알 수 있으니까요. 형식 이 아니라 글을 통해 여러분의 생각을 표현한다는 게 중요해요."

초등학생 때 글쓰기가 어렵지 않다는 것을 경험한다면 아이 의 미래가 달라집니다. 하지만 맞춤법이 틀렸다고 혼내고, 왜 이렇게 못 썼나 실망하는 기색을 보여주고, 빨리 쓰라고 재촉 하면 글쓰기 문은 굳게 닫힐 것입니다. 아이들의 마음은 한번 멀어지고 나면 나중에는 그 문을 열려고 아무리 노력해도 어렵 습니다.

글쓰기를 하는 아이에게 용기를 주는 한마디

낙서처럼 끄적끄적 아무 말이나 써보자.

한 줄만 써도 괜찮아.

틀려도 상관 없어. 네 생각을 써보는 게 중요해.

서두르지 마. 천천히 해봐.

'글쓰기 싫어'라고 말해도 돼

　처음 글을 쓰는 날 글쓰기를 싫어한다고 이야기하는 아이들이 있습니다. 아무 말이나 해도 괜찮다는 걸 알아차리면 속마음을 솔직하게 털어놓습니다. 아이들이 싫다고 말할 수 있게 자리를 깔아주고, 그 마음을 알아주면 조심스러운 태도로 글쓰기에 관심을 보이기 시작합니다. 어떻게 하면 아이들과 글쓰기 사이의 거리를 좁힐 수 있을까요? 아이들에게 '싫다'라고 말할 자유를 주면 가능합니다. 글쓰기를 잘하면 좋은 건 누구나 압니다. 그런데 '하기 싫다'는 의사를 마음대로 표현하지 못하면 아이들은 언제까지고 글쓰기를 어렵게만 받아들일 것입니다.

　아이들에겐 감정을 표출할 기회가 필요합니다. 적응할 시간을 주는 겁니다. 글쓰기가 싫다거나 다섯 줄이나 쓰기 어렵다고 말할 자유를 먼저 주어야 시작할 마음도 생깁니다. 아무리 짧게 써도 응원해주고, 글을 쓰다가 말아도 뭐라 하지 않을 때 아이들은 마음을 놓습니다. 글쓰기를 강요받지 않는다고 느낄 때 아이들은 비로소 안심하고 글쓰기를 시작합니다.

싫다는 말을 스스럼없이 할 수 있는 분위기를 만들기 위해 아이들에게 김창완의 시 「싫어」로 글감을 준비한 적이 있습니다. 「싫어」는 동시집 『무지개가 뀐 방이봉방방』(문학동네, 2019)에 나온 시입니다.

시인은 '싫어'를 좋아한다면서 무엇을 싫어하는지 하나씩 이야기합니다. 학교도 싫고, 세수도 싫고, 공부도 싫다고 합니다. 마지막 행에서는 만일 '싫어'가 없었다면 어땠을까를 상상하고 '큰일 날 뻔했다'로 정리합니다. 아이들에게도 역시 '싫어'가 없으면 큰일 납니다. 싫다는 말을 못하고 쌓아둘 때 그 덩어리는 커집니다. 꽁꽁 눌러둔 '싫어'는 어느 순간 집채만 한 크기로 돌아와서 마음을 짓누릅니다. 아이들이 '싫어 싫어'를 외치면서 거부감을 잘게 부수는 과정이 필요합니다. 감정을 말로 표현하고 글로 쓰면서 강박이나 구속에서 벗어나는 거죠.

초등학교 3학년 은율이의 시를 소개합니다.

싫은 것은 왜 이렇게 많은 걸까?

박은율

일찍 자기 싫어!
난 늦게 자도 키가 커.

> 밥 먹기 싫어!
> 난 조금만 먹어도 배불러.
>
> 약 먹기 싫어!
> 난 약 안 먹어도 튼튼해.
>
> 도대체 왜 이렇게 싫은 게 많은 걸까?
> 난 이런 거 안 해도 괜찮은데 말이야.

은율이는 「싫은 것은 왜 이렇게 많은 걸까」라는 제목의 시로 일찍 자기도 싫고, 밥 먹기도 싫고, 약 먹기도 싫다고 합니다. 각각에 대한 이유를 말하면서 '난 이런 거 안 해도 괜찮은데 말이야'라고 마무리했습니다. 어른들도 어느 날은 늦게 자고 싶고 먹기 싫을 때도 있습니다. 하지만 아이들은 당연히 어른의 말을 따라야 한다고 생각합니다. 아마도 은율이는 싫다는 말을 자유롭게 하고 왜 지금 하기 싫은지를 글로 표현하면서 자기 감정을 조절하는 법을 배워갈 것입니다.

모리스 샌닥의 『괴물들이 사는 나라』(시공주니어, 2002)라는 그림책이 있습니다. 늑대 옷을 입은 맥스라는 아이를 혼내면서 엄마는 "이 괴물딱지 같은 녀석."이라고 소리칩니다. 그러자 아이는 "그럼 내가 엄마를 잡아 먹어버릴 거야."라고 응수하지요. 이 부분 때문에 책은 한동안 미국 도서관에서 금서로 지정되었습니다. 아이들은 현실 세계에서 엄마와 감정적으로 대립하며 분노라는 감정을 느낍니다. 엄마가 무서워 '싫다'고 하지 못하고 억지로 하라는 대로 따르면서 '엄마에 대한 미움'을 배웁니다.

아이가 "싫어."라는 말을 자유롭게 할 수 있도록 자유를 주면 어떨까요? 아이는 가슴 한 켠에 쌓아둔 미움을 풀게 될 것입니다. 그러니 고운 말을 쓰는 착한 아이가 되라고만 하지 말고 그 감정을 조절할 수 있게 해주세요. '싫다'는 표현을 해본 아이들은 뭔가 해야 하는 일이 있을 때 스스로 선택해서 할 수 있다고 여깁니다.

글쓰기를 해야 할 때도 마찬가지입니다. 싫은 걸 싫다고 말할 수 있는 환경 조성이 먼저예요. 싫다는 의사표현을 하지 못하고 가만히 있을 때 아이들은 수동적으로 행동합니다. 자신을 방어할 힘을 잃어버립니다. 좋은 걸 느끼고 받아들일 힘이 약해집니다. 공부가 싫고 글쓰기가 싫다고 충분히 말하게 한 뒤 아이들이 할지 말지 선택하게 놔두어야 합니다. 거부감을 가진 채로 억지로 하다가는 공부나 글쓰기를 좋아할 기회가 사라집니다. 필요한 만큼 "싫어."라고 말한 뒤라면 아이는 글쓰기의 좋은 점을 스스로 깨달을 것입니다. 아이들이 글쓰기에 가까워지기를 바란다면, 싫다고 자유롭게 말할 수 있도록 자리를 만들어주세요. 싫다는 말을 자유롭게 해본 아이들이 글쓰기의 힘을 알게 됩니다.

꼭 손 글씨로 써야 할까?

손 글씨로 쓸 땐 잘 안 됐는데, 키보드 앞에선 글이 술술 써진다는 아이들이 많습니다. 부모는 아이가 1학년 때부터 글을 예쁘게 썼으면 하는 바람을 졸업 때까지 버리지 못합니다. 바른 글씨로 또박또박 종이 한 장을 한가득 채우기를 원합니다. 손가락에 적당한 힘을 가해 연필로 한 자 한 자 눌러 쓰면 아이들이 글쓰기를 잘하리라 믿습니다. 또 글씨를 예쁘게 쓰려면 글을 쓰면서 연습해야 한다고 생각합니다.

어린이 글쓰기에서 만난 아이들 대부분은 온라인 카페 글쓰기를 생소하게 받아들입니다. 첨삭 없이 칭찬만 받으며 친구들과 댓글로 소통하는 분위기가 새롭기만 합니다. 손 글씨 없는 글쓰기 세상을 만난 아이들은 손으로 글을 잘 써야 된다는 강박에서 처음으로 벗어납니다. 예쁘게 쓰려고 애쓸 때 안 써지던 글이 술술 나오는 경험을 합니다. 힘들게 글을 다 썼어도 글씨가 엉망이라 엄마의 눈치를 볼 수밖에 없던 상황도 더는 없습니다. 글씨를 바르게 쓰는 아이나 삐뚤빼뚤 쓰는 아이나 글의 내용으로만 엄마에게 다가갈 수 있습니다.

연습용 칸이 있는 노트에 쓴 아이의 글을 대하는 엄마의 모습을 그려볼까요. 원고지에 적힌 아이 글을 보자마자 불편한 마음이 듭니다. 아직 글을 제대로 읽기도 전인데, 아이가 글씨를 어떻게 썼는지가 먼저 눈에 들어옵니다. 엄마의 시선은 얼마나 많이 썼는지, 원고지 칸마다 글자가 얼마나 가득 채워졌는지, 글자의 모양이 바른지의 순서로 움직입니다. 또박또박 원고지 칸이 가지런히 채워졌을 때 우리 아이가 바르게 가고 있다고 안심하고, 아이가 엉망진창으로 글씨를 쓰면 아이를 칭찬해줄 마음이 생기지 않죠. 그러면 아이 글이 어디가 좋은지 알아보지도 못할 것입니다. 바르게 써야 아이가 글을 잘 쓴다고 생각하니까요. 띄어쓰기와 맞춤법 틀린 부분도 눈에 크게 들어와서 엄마의 마음을 어지럽힙니다.

이제 아이 입장에서 손 글씨 쓰기를 볼까요. 글씨를 예쁘게 쓰는 아이도 있지만 많지 않습니다. 아이들도 바르게 써야 한다고 생각하기 때문에 자기의 삐뚤한 글씨를 보면 자신감이 뚝뚝 떨어집니다. 또한 글씨를 또박또박 써야 한다는 걸림돌 때문에 아이디어도 떠오르지 않습니다.

러시아 문학 거장 톨스토이의 글씨는 아내 소피아 빼고는 누구도 알아보지 못할 만큼 악필이었다고 해요. 아내의 도움을

받지 못하는 상황에서 톨스토이가 또박또박 써야 했다면 그의 작품들은 세상에 나올 수 있었을까요? 그러니 아이에게 글씨를 예쁘게 쓰라고 강요하는 대신 컴퓨터로 써도 괜찮다고 해보세요. 글쓰기 부담이 훨씬 가벼워질 겁니다.

아이들은 키보드 칠 때 들리는 '타닥타닥' 소리를 좋아합니다. 무엇을 쓰면 좋을지 고민하면서 아무거라도 타닥타닥 자판을 두들기다 보면 글감이 떠오르고 자기도 작가처럼 쓴다는 기분이 든다고 해요. 아이들에게 집 안에서 들리는 모든 소리를 써보라고 하면 '타닥타닥 키보드 소리'가 빠지지 않습니다. 그만큼 아이들 일상에 키보드 소리가 자리 잡은 거죠.

글 한번 써보자고 연필을 쥐어줄 땐 꿈쩍도 않던 아이들이 컴퓨터 앞에서는 '탁탁탁 타닥' 발랄하게 손을 움직입니다. 글쓰기가 쉽고 재미있는 활동처럼 여겨지니 글쓰기 분량도 자연스럽게 늘어나죠. 이제는 엄청난 분량의 글을 척척 써내는 6학년 안설희 엄마는 호호 웃으면서 반성합니다.

"전 왜 지금껏 아이에게 손글씨만 고수했을까요?"

깊이 생각한 후 글을 쓰는 아이도 있지만 번개같이 떠오르는 아이디어를 재빨리 옮기고 싶어 하는 친구들이 훨씬 더 많습니다. 그럴 때 손으로 쓰려고 하면 오래 걸려 그 생각이 다 흩어져버릴 것만 같아요. 하지만 컴퓨터 자판을 두드리다 보면 머릿속 생각이 글로 차차 옮겨지는 것 같아 신기하기만 합니다. 키보드는 글쓰기를 빨리하고 싶어 하는 아이들에게 특히 제격입니다. 손 글씨라면 어림없는 일이지요.

　30일 한 기수가 끝나는 마지막 날, '한 달 동안 열심히 노력한 나를 칭찬하는 글'을 쓰며 계속 글을 쓸 수 있었던 원동력에 대해 생각해보는 시간을 가졌습니다. 부모님과 선생님의 응원, 글쓰기 친구들과 소통하는 즐거움을 말하는 아이도 있었지만 타자 치는 실력이 늘어서 기쁘다는 이야기 역시 빠지지 않았죠. 어른들이 연필로 쓸지 컴퓨터로 쓸지 선택하는 것처럼 아이에게도 기회를 주었으면 좋겠습니다.

아이들도 독자가 있으면
글을 쓴다

　누군가 내가 쓴 글을 읽고 "오, 잘 썼다." "훌륭한걸."이라고 말하는 장면을 상상해봅시다. 대부분 황홀한 기분이 들지 않을까요? 다른 사람의 평가에 연연해하지 않는 사람도 있겠지만 그런 이들은 많지 않습니다. 글쓰기 세계에서 칭찬은 특별한 경험으로 작용합니다. 어른도 칭찬을 들으면 기뻐 어쩔 줄 모르잖아요. 아이들이라면 그 파급 효과가 훨씬 더 큽니다.

　문장 작법서 『유혹하는 글쓰기』(김영사, 2017)를 쓴 스티븐 킹은 30여 년간 500편의 작품을 발표하고 전 세계에서 3억 부 이상 판매된 『캐리』라는 소설을 쓴 미국 소설가입니다. 그의 어린 시절은 어땠을까요?

　그는 여섯 살 때 만화책을 베껴 써서 엄마에게 보여주었습니다. 그때 엄마는 "네 얘기를 써보렴. 너라면 훨씬 잘 쓸 거야."라고 격려해주었습니다. 그 말을 들었을 때 스티븐 킹은 자기 앞에 놓인 엄청난 가능성을 느끼고 가슴이 벅찼다고 기억합니다. 마치 큰 건물 안의 수많은 문을 마음대로 열어봐도 된다는 허락을 엄마에게 받은 것만 같다고요. 어린이 작가가 처음으로 만든 이야기를 엄마에게 보여주자 엄마는 활짝 웃으며 책으로 낼 만큼 훌륭하다고 말해주었습니다.

스티븐은 그토록 자기를 행복하게 만든 말을 그 이후 누구에게도 들어본 적 없다고 말합니다. 글을 한 편씩 쓸 때마다 엄마는 스티븐에게 25센트 동전을 주었고, 네 명의 이모에게 보내어 읽어달라고도 부탁했습니다. 스티븐은 최소 다섯 명의 독자를 두고 글쓰기를 시작한 거죠. 엄마와 이모들은 꼬마 스티븐의 '소설'을 열심히 읽고, 웃음을 터트리고, 감탄했습니다.

이 이야기를 들은 여러분은 어릴 때부터 이렇게 글쓰기 연습을 한 덕에 스티븐 킹이 소설가로 금세 성공했을 거라고 생각하겠지만 그 역시 출판사로부터 계속해서 거절당했습니다. 그는 원고를 보낸 출판사에서 거절 쪽지를 받을 때마다 모아두었는데, 쪽지를 꽂아둔 못이 그 두께를 감당하지 못할 정도로 많았다고 해요. 그래도 스티븐은 포기하지 않았습니다. 더 큰 못을 박아놓고 계속 쓰고 거절 쪽지를 꽂아두기를 반복했죠.

스물일곱 살이 되어서야 그는 쓰레기통에 던져버렸다가 아내의 설득으로 고쳐 쓴 공포소설 『캐리』로 이름을 날리게 됩니다. 21년간 포기하지 않고 글쓰기를 밀고 가게 한 원동력은 무엇이었을까요? 여섯 살 때 느꼈던 그 행복감이었습니다. "너라

네 이야기를
써보렴.
어때?

너라면 훨씬
잘 쓸 거야.

할 수 있어.

짱이다~

멋져

잘했어.

와

멋져~

세월이 흘러 어른이 된 스티븐

출판사는 또 거절이구나…

거절

거절

거절

거절

그래도
절대

절대 난
포기하지
않아.

스물일곱이 되어서야 그는 공포소설
『캐리』로 이름을 날리게 되었습니다.

면 훌륭한 글을 쓸 거야."라는 말이 마법처럼 글쓰기 문을 열어 주는 열쇠로 꼬마의 가슴에 남았던 것입니다.

이런 일이 스티븐 킹 같은 작가에게만 일어나는 건 아닙니다. 아이들 누구에게나 같은 일이 펼쳐질 수 있습니다. 칭찬과 독자로서의 응원. 이 두 가지만 있으면 가능합니다. 다만 천재적인 재능을 바라고 부담을 주지 않으면 됩니다. 스티븐 킹은 보통 사람도 노력하면 훌륭한 글을 쓸 수 있다고 이야기를 했는데요. 이런 점에서 보면 엄마나 아빠의 역할도 사실 어렵지 않습니다. 아이가 글을 써올 때 감탄해주고 정성껏 읽어주기만 하면 됩니다. 일을 하느라 바쁘고, 피곤해서 귀찮을 때도 있겠지만 잠깐 멈추고 아이의 글에 시선을 집중해보세요.

어느 날 지욱이 엄마가 제게 아이의 글을 보내왔습니다. 초등학교 3학년인 지욱이는 매일 세 줄 정도, 그것도 줄 바꾸기를 한 셈이라 엄밀히 말하면 한 줄 반 정도의 글쓰기를 합니다. 같은 학년의 다른 아이는 한 페이지 넘게 쓰는데 몇 줄 되지도 않는 글을 그것도 장난을 치듯 쓰는 걸 놔둬도 괜찮은지 고민을 털어놓더군요.

그러던 어느 날 지욱이 엄마가 학교에서 쓴 지욱이 글을 캡처해 보내왔습니다. 선생님이 예시문을 주고 댓글로 글쓰기를 하는 미션이었습니다.

지욱이는 앞으로 어떤 사람이 되고 싶은지 자기 사명서를 만들었습니다. 예시에서 든 '창밖에 박힌 못' 대신 비유의 대상으로 '문'을 선택했습니다. 문을 열고 새로운 세상으로 나가서 어떤 일을 하고 싶은지 자기의 소망과 연결했습니다. 지욱이가 말했듯이 문을 하나씩 열 때마다 특별한 세상이 펼쳐질 것입니다. 문이 없다면 안에 갇혀 지낼 수밖에 없습니다. 지욱이는 밖으로 나가고 싶을 때마다 문을 열겠지요. 글쓰기가 그 문을 찾도록 도와줄 것입니다.

지욱이는 며칠 뒤 어린이 글쓰기 공간에 자기의 꿈을 크리에이터라고 적었습니다. 문이 되어서 계속 멋진 걸 보려고 계획을 세우고 있으니 분명 지욱이는 크리에이터가 될 것입니다. 스티븐 킹이 엄마의 칭찬에 최고의 행복을 느꼈듯이 지욱이도 엄마로부터 폭풍 칭찬을 듣고 행복해할 것입니다.

아이가 온라인 카페에 글을 쓸 때마다 이를 열심히 읽고 즐거워하는 부모님이 많은데요. 아이는 부모, 선생님, 친구와 같은 독자들의 시선을 의식하고 응원을 받으며 글을 씁니다. 글쓰기를 하는 동안 아이들은 혼자가 아닙니다. 글쓰기라는 무대, 멋진 세상 앞에서 아이는 지금 줄타기 연습을 멋지게 하는 중입니다.

글쓰기의 좋은 점과 나쁜 점

아이들은 "글쓰기가 정말 싫어요."라고 말하면서도 '만일 내가 잘할 수 있다면 얼마나 좋을까?'라고 바랍니다. 아이들은 글쓰기의 어려움을 겪고 있기에 속마음으로 글쓰기를 잘하고 싶어 합니다.

아이들이 글쓰기의 좋은 점과 나쁜 점에 대해 어떻게 생각하는지 이야기를 나눠보세요. 부모님과 아이 각각 자기의 경험을 나누는 겁니다. 그러면 아이들은 글쓰기에 대한 자신의 욕구를 발견할 수 있습니다. 또한 글쓰기의 중요성을 스스로 생각해보는 시간이 됩니다.

글쓰기를 할 때 좋은 점

☐ 감정 표현을 자유롭게 할 수 있다.
☐ 남을 설득하는 능력을 갖출 수 있다.
☐ 자신감이 올라간다.
☐ 자신에 대해서 잘 알게 된다.
☐ 자존감이 올라간다.
☐ 집중력이 높아진다.
☐ 성취감을 느낀다.
☐ 독서에 관심 갖게 된다.

글쓰기를 할 때 나쁜 점

☐ 자기검열을 한다.
☐ 글을 쓴 후 다른 사람 의견에 신경을 쓰게 된다.
☐ 자꾸만 더 잘 쓰고 싶어 괴로워진다.
☐ 글쓰기 분량을 계속 늘려야 한다는 부담감을 느낀다.
☐ 글로 다른 사람들의 시선을 끌기를 원하게 된다.
☐ 좋은 평가를 받지 못하면 속상해진다.
☐ 다른 친구의 글과 비교하게 된다.

글쓰기를 하지 않을 때 좋은 점

☐ 글쓰기를 하지 않으니 편하다.
☐ 글쓰기에 대한 두려움을 느끼지 않게 된다.
☐ 머리를 쓰지 않아도 된다.
☐ 실력이 쉽게 드러나지 않는다.
☐ 다른 사람이 내 글을 어떻게 볼까 신경 쓰지 않아도 된다.
☐ 글쓰기를 잘 못할까 봐 걱정할 필요가 없다.
☐ 맞춤법 틀릴 걱정을 하지 않아도 된다.

글쓰기를 하지 않을 때 나쁜 점

☐ 생각과 감정을 표현할 수단이 하나 없어진다.
☐ 자신의 감정을 살피기 어렵다.
☐ 결정을 내리기 힘들다.
☐ 자신감이 부족해진다.
☐ 자기가 무엇을 원하는지 찾기 어렵다.
☐ 비판적인 시각을 갖기 어렵다.
☐ 생각하는 힘을 기르기 어렵다.
☐ 책을 읽어야 할 필요성을 크게 느끼지 못한다.

알쏭달쏭 상담소

맞춤법이 엉망인데 괜찮을까요?

Q. 온라인 글쓰기 프로그램에 참여하고 있습니다. 아이가 5학년인데 맞
춤법을 많이 틀려요. 본인도 창피해하면서 어디가 잘못됐는지 모르겠
다며 엄마가 글을 봐주기를 바랍니다. 고칠 부분을 알려주려니 틀린
부분이 자꾸 눈에 들어와서 제 얼굴색이 안 좋아지나 봅니다. 아이가
제 눈치를 보면서 괜히 글쓰기를 했나 하면서 심통을 부려요. 전 아이
의 그런 반응이 속상하고 힘드네요. 아이가 앞으로도 맞춤법을 점검
해달라고 하는데, 글을 봐주어야 할지 고민됩니다.

A. 글쓰기를 시작하는 아이들에게 자주 듣는 이야기가 있습니다. 온라인
글쓰기 카페에서 아이들은 '전 글쓰기가 두려워요'라고 첫 줄을 시작
합니다. 그 이유로 맞춤법을 말합니다. 그런데 지금까지 맞춤법 때문
에 선생님에게 혼나서 슬펐다는 아이를 한 번도 만나지 못했습니다.
대신 엄마 이야기를 합니다.

　　"엄마가 시켜서 억지로 시작했지만 나는 글쓰기가 싫다. 맞춤법과
띄어쓰기를 틀려서 엄마에게 혼났다. 글쓰기 할 때 또 맞춤법을 틀릴
까 봐 두렵다. 난 글쓰기가 정말 싫다. 다신 안 하고 싶다."

　　틀린 맞춤법과 혼내는 엄마가 결합되면서 아이들은 글쓰기를 싫
어하게 됩니다. 글쓰기가 잘될 리 없습니다. 글을 어느 정도 쓰는 아
이도 마찬가지입니다. 엄마 아빠는 아이들 글에 담긴 참신한 아이디
어를 두고 감탄할 마음을 좀처럼 내지 못합니다. 틀린 맞춤법과 띄어
쓰기에 먼저 시선을 보내고 실망합니다. 아이들은 엄마가 "여기가 틀

렸어. 이렇게 쓰는 거야." 하고 고쳐줄 때마다 겁을 집어먹습니다. 엄마가 맞춤법 틀린 걸 가볍게 지적해도 아이는 그 강도를 다르게 받아들입니다. '맞춤법에 맞게 써야 한다'고 지도하면 아이들의 상상력 항아리에 균열이 생깁니다. 그 틈으로 생기발랄한 아이디어는 빠져나가고 남는 건 맞춤법이라는 단단한 껍데기만 남습니다. 맞춤법의 틀 속에서 놓여날 때 아이들은 눈에 보이는 세상을 종이 위에 부지런히 옮겨놓을 것입니다. 맞춤법과 띄어쓰기가 틀렸다고 혼내고 고치면 그 시간은 쪼그라들 테지요.

어른들은 어떤가요? 어른들도 맞춤법이 헷갈리기는 매한가지입니다. 서점에 나와 있는 수많은 맞춤법 책이 이를 증명하지요. 작가도 맞춤법 책을 가지고 자기 글을 점검하곤 해요.

어린 시절엔 맞춤법에 집중할 때가 아닙니다. 어떻게 하면 아이가 글쓰기에 가까워질 수 있을지에 힘을 기울여야 합니다. 부모님이 아이의 틀린 맞춤법을 아쉬워하면 그 마음이 아이에게 고스란히 전달돼요. 아이들은 맞춤법을 지적하며 실망스러워하는 부모님의 모습을 몇 번 보고 나면 글쓰기를 하지 말아야겠다고 마음을 먹습니다.

그러니 아이에게 이런 말을 해주세요.

"맞춤법이 틀려도 괜찮아. 걱정할 필요 없어. 글 안에 담겨 있는 네 생각이 제일 중요해. 내 눈에는 네가 쓴 글 내용만 보인단다."

2장

글쓰기가
좋아지는
동기부여의 씨앗

자유로운 운영 원칙으로
아이들 마음 사로잡기

글쓰기는 아이들이 스스로 공부할 수 있는 기회를 열어줍니다. 주변 환경에 휘둘리지 않고 각자 자기 속도로 제 갈 길을 찾아가게 도와주지요. 글쓰기는 아이들의 성장을 돕는 도구이자 자신과 외부 세상을 연결해주는 다리입니다. 또한 혼자 생각하고 혼자 글을 쓰면서 내면의 힘을 단단하게 키워줍니다.

아이들이 자기만의 글쓰기 공간을 가졌으면 했습니다. 규칙을 따르거나 지시를 받지 않고 자유롭게 하고 싶은 말을 마음껏 하면서 생각을 표현할 수 있는 그런 곳이요. 선생님이나 부모의 지도를 받는 학교나 집이 아닌 셀프 학습 공간이라고나 할까요? 그래서 온라인 어린이 글쓰기 프로그램 운영 원칙을 다음과 같이 정했습니다.

첫째, 가르치려고 하지 않는다

맞춤법처럼 틀린 부분을 이야기하거나 이렇게 저렇게 고치면 좋겠다는 말을 하지 않습니다. 아이들이 글을 쓰려고 할 때마다 망설일 테니까요. 그 작은 손가락이 방해받지 않고 자유롭게 움직일 수 있도록, 아이들의 상상력이 벽 앞에 움츠러들지 않도록 환경을 조성하고 싶었습니다. 아이들의 성장을 지켜보면서 참을성 있게 기다리는 일을 운영자의 제일 중요한 임무로 삼았습니다. 서로의 글을 보면서 아이들은 스스로 배울 수 있다고 믿기 때문입니다.

둘째, 어떤 이야기든 다할 자유를 준다

아이들은 평소 하고 싶은 말을 다 하지 못합니다. 집에서는 부모의 권위에 눌리고, 학교에서는 해야 할 공부에 치이고, 힘든 일이 있어도 누군가에게 털어놓기 어려워합니다. 그래서 글쓰기 공간에서는 어떤 이야기도 다할 자유를 주기로 했습니다. 자유롭게 털어놓을 수 있는 공간이라면 긴장하지 않고 마음껏 자기 마음을 풀어놓을 테니까요.

셋째, 공감, 애정, 칭찬을 쏟아붓는다

글쓰기 프로그램 운영자가 집중할 부분입니다. 부모님에게도 같은 역할이 주어집니다. 운영자는 오지 글 속에서 아이들이 속상할 때 그 마음에 공감하고, 기쁜 소식에는 축하하면서 감정을 살피는 데 집중합니다. 아이들에게 글감 주제를 주고 노력을 기울였다고 칭찬하고, 글의 좋은 점을 말해줍니다. 그려면 글은 자동으로 나올 거라고 믿었습니다.

넷째, 소통의 즐거움을 느끼게 하자

온라인 카페에 모여서 글을 주고받을 때 아이들은 글쓴이의 입장과 독자로서의 반응 두 가지를 경험합니다. 그래서 서로 댓글을 나누며 소통하는 분위기를 조성했습니다. 하고 싶은 이야기가 있을 때 특별한 주제 없이 아무 이야기나 쓸 수 있는 자유 공간인 낙서장을 만들고 자유롭게 글을 올리도록 했습니다. 아이들은 낙서장에서 마음대로 글을 썼습니다.

온라인 글쓰기 공간에는 가르치는 사람이 없습니다. 대신 아이들에게 감정과 생각을 표현할 자유가 있습니다. 공감하면서 소통하는 즐거움을 느낀다면 아이들은 자연스럽게 글쓰기 세계로 흘러 들어갑니다. 아이들의 마음이 글쓰기에 착 달라붙습니다.

처음부터 잘 쓰라고요?
빨리 써야 한다고요?

아이에게 글쓰기 프로그램을 권유할 때 부모의 마음은 두 가지로 나뉩니다. '글쓰기 프로그램에 재미있게 참여했으면 좋겠다'와 '공부와도 관련되니까 잘했으면 좋겠다.' 그리고 이 두 가지를 동시에 원합니다. 처음부터 글쓰기를 잘하는 아이는 없습니다. 어릴 때부터 글쓰기를 해서 잘하게 된 몇 명을 두고 부모가 비교하기 시작하면 아이는 즐거움을 경험할 기회를 놓쳐 버립니다.

'잘 쓰지 않아도 좋아할 수 있다'고 아이와 부모 모두 생각했으면 좋겠습니다. 아이가 즐거운 마음으로 글쓰기를 대하고, 꾸준히 쓰는 습관을 기르다 보면 언젠가 잘 쓸 수 있다는 사실을 부모가 믿도록 도와주고 싶었습니다. 여기에서 잘 쓴다는 기준은 다른 아이와 비교해서가 아니라 '예전의 나'와 '오늘의 나'를 나란히 둔다는 의미입니다. 자기를 표현하는 수단으로 글쓰기를 자유롭게 활용하기까지 아이마다 걸리는 시간은 제각기 다릅니다. 물론 그 전에 글쓰기를 하고 싶은지 마음을 살펴보는 과정이 필요합니다. "글쓰기가 정말 싫어요."라고 하는 아이도 있고, "지금은 안 하고 싶어요."라고 말하는 아이도 나옵니다.

어른이나 아이나 글을 잘 쓰려면 얼마나 걸리는지 미리 알 수는 없습니다. 직접 해봐야 좋아하는지 싫어하는지 알 수 있고, 끌리는 활동인지 아닌지, 계속해서 하고 싶은지 그만두고 싶은지 알 수 있으니까요. 어른들이 자유롭게 결정하듯 아이에게도 선택할 기회를 주었으면 좋겠습니다. 어른은 글을 쓸 때 충분히 돌아볼 시간을 갖지만, 아이들은 그렇지 못합니다. 어른은 살면서 글이 쓰고 싶거나 필요할 때 쓸 수 있지만, 아이들은 글쓰기의 필요성을 충분히 경험해보지 못한 채 글을 써야 한다는 압박을 받습니다. 그러니 학교 숙제로 글쓰기가 나오면 귀찮고 싫을 따름이지요.

부모의 권유로 겨우 시작했는데 잘 쓰기를 바란다면 아이들은 바로 긴장합니다. 아이 입장에서 글쓰기 과정을 살펴보면 이를 확실히 알 수 있습니다.

아이들은 정해진 시간 안에 어떻게든 쓴 글이 바로 외부에 공개되는 상황에 놓입니다. 글을 어떻게 쓰는지도 모르겠고 어쩔 수 없이 썼을 뿐인데 부모와 글쓰기 선생님이 그 글을 읽고 이야기를 나누는 것이죠. 자기 글을 누군가에게 보여줄 마음의 준비가 되어 있지 않지만 아이에게는 선택권이 없습니다. 부모가 내 글을 어떻게 생각할까 걱정이 앞서면 아이는 글쓰기에 집중하기 어렵습니다. 잘 써야 한다는 생각 때문에 부담스럽습니다. 이런 상황을 고려하면 부모의 역할이 명확해집니다.

아이에게 글을 잘 써야 한다는 부담을 갖지 않도록 아무거나 써도 된다고 말해주는 겁니다. 각자 다른 속도를 인정해주고, 무엇을 적어도 좋다고 공간을 마련해주면 아이들은 활동 반경을 넓혀갈 것입니다. 길을 걷는데 뒤에서 빨리 가라고 손가락으로 쿡쿡 찌르면 더 가기 싫어지는 마음, 누구나 한 번쯤 있지 않나요? 아이가 힘들어 보이면 재촉하지 말고 "조금만 더 가면 돼, 끝나면 맛있는 간식 먹자. 네가 쓴 글이 궁금해. 엄마와 아빠에게 읽어줄 수 있겠니?"하고 다정한 말을 건넵니다. 천천히 해도 좋다는 부모 말이 진짜라고 생각되면 아이는 편안하게 글쓰기를 대하게 됩니다.

글쓰기에 재미를 붙일 때 역시 속도 조절이 필요합니다. 처음에는 감탄하던 부모가 시간이 지날수록 더 많이, 더 길게, 더 빨리, 게다가 논리적으로 쓰기를 바라면 아이는 금방 눈치를 챕니다. 아이는 부모의 마음을 읽는 데 선수입니다. 자기를 사랑하는 부모가 무엇을 원하는지 직관적으로 아는 것이죠. 부모의 욕심이 앞서면 아이는 하기 싫어집니다.

잘하게 하는 것보다 글쓰기의 즐거움을 찾을 수 있도록 도와주면 좋겠습니다. 평소 잘하던 아이가 쓰지 못하는 날이면 무엇을 말해야 할지 막막할 때입니다. 아무것도 쓰지 못한 채 친구

의 글이나 읽고 핸드폰만 들여다보고 있다고 조급한 마음으로 바라볼 것이 아니라 엄마 아빠도 글쓰기를 함께 해보면 어떨까요. "너 글쓰기 하는 동안 나도 해볼게." 이렇게요.

막상 글쓰기를 해보면 의외로 시간이 많이 걸리고 글감이 잘 떠오르지 않는다는 걸 경험할 수 있을 거예요. 그렇게 같이 쓰다 보면 아이의 마음이 헤아려지면서 기다려줄 마음의 여유도 생깁니다.

각자 블로그 계정이 있다면 서로의 글을 읽어보면서 이해할 수도 있습니다. 부모님도 글쓰기를 하면서 아이의 어려움에 공감하고, 자기 내면에 관심을 돌리는 시간을 가졌으면 합니다. 아이가 글쓰기를 친근하게 받아들일 수 있도록 눈앞의 결과에 시선을 두지 말고 저 멀리 바라보면 좋겠습니다.

아이가 잘 쓰도록 부모가 챙겨야 한다는 강박은 모두를 힘들게 합니다. 더 잘했으면 하는 집착을 놓을 때 아이는 진짜 글쓰기를 시작합니다.

시 쓰기가 제일 싫다는 아이가
시를 사랑하게 된 순간

어린이 글쓰기 글감으로 그림책, 동화책, 고전, 시 쓰기를 돌아가면서 배치합니다. 처음에 시를 소개할 때 아이들이 시 쓰기를 어떻게 받아들일까 싶었는데 의외로 폭발적인 반응을 보였어요. 시 쓰기가 너무 즐겁다는 아이들, 시 쓰기 글감을 더 내주면 안 되냐는 아이들, 하루 하나만 쓰기 아쉽다고 두세 개를 올리는 아이들이 나왔습니다. 언제 시 글감이 나오나 기다리는 아이들이 늘어나면서 금요일을 시 글감을 올리는 날로 정했습니다.

동시집 『전봇대는 혼자다』(사계절, 2015)에서 김륭의 「오늘은 꿈속에서 놀다 가렴」을 소개하고 "꿈속에서 노는 장면을 시로 써보세요."라는 글감을 올린 날입니다. 시 쓰기 날엔 아이들의 댓글이 많이 올라오는 편인데요. 한 아이가 고민스럽다면서 "저는요, 꿈속에서 놀아본 기억이 없어요. 어떻게 하죠?"라고 질문을 달았습니다. 이럴 때 상상해보라는 안내는 어디서나 통합니다. "상상해서 써도 좋고요. 실제로 놀았던 기억을 꿈인 것처럼 적어봐도 좋습니다."라고 회신했습니다.

5학년 여진이는 "이번 기수는 매주 금요일이 시 쓰기 날이라니 넘 좋아요."라는 댓글과 함께 하트를 누르고, 3학년 호담이는 "이 책 8기에서 다른 주제로 나온 것 같은데요. 아닌가요?"라고 묻습니다. 아이들은 기수별로 무슨 책이 어떤 글감으로 나왔는지 세세하게 기억하고 있더군요. "맞아요. 멋진 시가 많아서 이 책에서 여러 개를 소개했습니다."라고 알려줬습니다.

그런데 정찬이는 시 쓰기가 쉽지 않은가 봅니다. 어느 날 '시 쓰기 싫어요'라며 글을 올렸더라고요. 정찬이의 마음을 어떻게 다독여주어야 할까 고민하다가 다음과 같은 댓글을 달았습니다.

> ┗ 정찬이에게. 시 쓰기를 좋아하는 친구도 있고 싫어할 수도 있어요. 어떤 친구는 소심한 성격을 고치고 싶다고 말하는데, 정찬이는 내버려두는 편이 낫다고 이야기했잖아요. '시 쓰기'라는 글감 제목 옆에 자유 주제라고 적은 단어 보이죠? 글감이 마음에 들지 않으면 자유 주제로 쓰면 된답니다.

엘로디 페로탱의 그림책 『나는 소심해요』(이마주, 2019)를 소개하고 "여러분이 소심한 아이라면 소심함을 내버려둘 건가요."를 아이들에게 물어봤을 때입니다. 이때 정찬이는 '소심함을 내버려두겠다'고 하고 "책에 나온 것처럼 소심함이 좋을 때도 있기 때문"이라고 생각을 밝혔거든요.

시 쓰기가 싫을 때는 억지로 할 필요 없습니다. 아이들도 어른처럼 자기가 원하는 게 뭔지 편히 말하게 해주는 게 중요해요. 정찬이가 소심한 성격을 놔두고 싶다고 말한 것처럼 시 쓰기 싫어하는 마음도 편히 보여줄 수 있어야 그다음 단계로 나아갈 수 있습니다. 이럴 때를 대비하여 글감을 낼 때 꼭 '자유 주제'를 덧붙입니다. 다른 내용을 쓰고 싶을 때 아이들은 언제든 주제를 바꿔 자유롭게 쓸 수 있습니다.

정찬이가 댓글을 보고 뭐라고 할까 기다렸더니 "시 쓰기가 너무 어려워요."라고 합니다. 이 아이는 연습하는 0일 차 글쓰기 자기소개 날에 "글쓰기를 싫어하지만 엄마 때문에 쓰게 되었습니다."라는 글을 썼는데요. 정찬이처럼 엄마 권유로 할 수 없이 글쓰기 프로그램을 시작하는 아이들은 엄마와 약속했으니 어떻게든 해보고 싶어 하지만 어려워서 못하겠다고 털어놓곤 해요.

어렵다는 것은 시간이 필요하다는 신호예요. 다른 친구들이 쓴 시를 먼저 읽어보면 어떨까요. 시는 나중에 쓰고 싶어질 때 써도 늦지 않아요. 정찬이는 글쓰기를 처음 시작해서 5일 동안 한 번도 빠짐 없이 글을 척척 써냈잖아요. 나중에 시도 그렇게 될지 몰라요. 정찬이의 글쓰기 파이팅!

0일 차부터 4일 차까지 정찬이는 두 줄에서 다섯 줄 정도 짧지만 하루도 빼놓지 않고 글을 올렸습니다. 아이들은 어떻게 해야 할지 막막할 때 먼저 올라온 글을 보면서 쓸거리를 생각해내기도 합니다. 혹시 정찬이가 읽어볼까 싶어서 공지 사항에 글쓰기 팁을 올려두었습니다.

5일 차 글에 정찬이는 자유 주제라는 제목으로 글을 올렸습니다. 클릭해서 들어가니 시 제목 아래 시인 이름 쓰는 자리에 자기 이름을 써넣었네요.

시 쓰기가 싫다

차정찬

나는 시 쓰기가 싫다.
왜냐하면 그냥 싫다.
하지만 언제나 국어에 시 쓰기가 나와 슬프다.
엄마는 도움이 된다고 하지만 도움이 안 되고 힘들기만 하다.
나는 크면 절대로 시인이 되지 않을 거다.

시 제목이 생생하게 다가옵니다. '시 쓰기가 싫다'로 무엇을 거부하는지 확실하게 밝혔습니다. "왜냐하면 그냥 싫다." 싫다는 걸 강조할 때 '왜냐하면'이라고 시작해서 이유를 말해줄 것처럼 하더니 '그냥'으로 이어줍니다.

"하지만 언제나 국어에 시 쓰기가 나와서 슬프다." 싫은 시

쓰기가 국어에 매일 등장한다니 얼마나 괴로울지 공감이 갑니다. "엄마는 도움이 된다고 하지만 도움이 안 되고 힘들기만 하다." 시 쓰기가 싫다는 정찬이를 엄마가 열심히 설득하는 장면이 떠오릅니다. "지금은 힘들지만 이걸 하면 네게 유익해. 시 쓰기가 싫어도 참고 해야 하는 거란다."라고 설득하는 엄마의 말이 들리는 듯합니다. 정찬이는 엄마 말을 믿지 못합니다. 도움은커녕 자기를 괴롭히는 일일 뿐인데요. "나는 크면 절대로 시인이 되지 않을 거다."라며 글을 마무리했습니다.

글을 쓸 땐 첫 문장과 마지막 문장이 제일 중요합니다. 정찬이는 시 제목과 첫 행을 "시 쓰기 싫다."며 반복했습니다. 어떤 내용일지 읽고 싶게 만들죠. 마지막 행에서는 비장한 마음을 읽을 수 있습니다. 장래에 뭐가 되고 싶다는 말보다 시인만은 절대 되지 않겠다는 다짐을 정찬이는 오랫동안 기억할 것입니다. 사실 20대가 되어도, 아니 중년이 지나도 자신이 무엇을 하고 싶은지 모르는 사람들이 수두룩합니다. 정찬이는 수많은 일 중에서 가고 싶지 않은 영역에 확실하게 선을 그었습니다. 이처럼 글쓰기란 이렇게 자기감정을 솔직하게 표현하는 데서 시작합니다.

정찬이는 시라는 도구를 통해 싫다는 말을 반복하고, 도움이 되지 않고 힘만 든다고 털어놓았습니다. 싫어하기에 '자유 주제'라는 글 제목을 달아 자기가 쓴 글은 시가 아니라고 알렸죠. 하지만 시처럼 제목을 달고 시인처럼 이름을 넣고 행을 하나씩 덧붙였습니다. 정찬이는 '시인'이 되지 않겠다고 하면서 '시인'이 되었습니다. 시를 한 번이라도 쓰면 이미 '시인'이 된 게 아니겠어요? 김연수가 『소설가의 일』(문학동네, 2014)에서 소설을 한 번이라도 쓰면 소설가가 된다고 말한 것처럼요.

두 번째 시 쓰기 날 정찬이는 「안 좋은 확률」이라는 제목으로 하고 싶지 않은 일이나 원하는데 이루어지지 않는 일들을 골라 0%로 실현 가능성이 없다는 시를 썼습니다. 어느새 아이가 자기감정을 자유롭게 펼치고 있습니다. 그다음 시 쓰기에는 「나의 걱정」이라는 제목으로 시를 썼습니다. 일기 숙제를 안 해가서 학교에서 혼나거나, 형이 때릴까 봐, 엄마가 야단을 칠까 걱정스러운 상황을 그렸습니다. 시가 자연스럽게 흘러나오고 있었습니다. 글쓰기 18일 차 오전에 정찬이는 제게 내일 글감을 언제 올리는지 물어봤습니다. 전날 저녁에 다음 날 글감을 올리는데 아이는 전날 아침부터 글감이 무엇인지 궁금해하네요. 19일 차 글 쓴 아이들을 보니 정찬이가 첫 번째로 글을 올렸습니다. 시간을 확인하니 밤 12시 30분입니다. 제일 먼저 올리고 싶어서 아침을 기다리지 않고 늦은 밤에 미리 글쓰기를 한 정찬이!

아이들은 이렇게 조심스럽게 다가옵니다. 어려웠던 글쓰기가 뭉쳐 있던 감정을 풀어버리는 데 도움이 된다는 걸 깨닫게 되면 그다음은 쉽습니다. 아이가 그런 경험을 할 수 있게 멍석을 쫙 깔아주는 역할이 부모나 선생님의 할 일입니다.

아이들과 함께 쓰니
지루하던 마음이 휙 날아가네

온라인 글쓰기 카페를 만들면서 '30일 글쓰기', '공지사항', '낙서장' 이렇게 세 개의 메뉴로 구성했습니다. '30일 글쓰기'는 아이들이 강사가 올린 주제에 따라 글을 올리고 공간이고, '공지사항'은 글쓰기 카페에 참여하는 방법을 안내하는 곳입니다. '낙서장'에는 글을 쓴 아이들의 명단을 매일 정리해서 올렸습니다.

저는 '낙서장'에서 글을 일찍 올린 아이들을 칭찬하고 아직 올리지 않은 아이들에게는 격려하는 글을 남겼습니다. 그런데 글쓴 명단과 함께 매번 아이들에게 글을 쓰는데도 아무도 댓글을 달지 않는 거예요. 그 공간은 아이들이 글을 썼는지 살펴보는 학부모와 명단을 올리는 강사들만의 공간이었나 봅니다. 수신자가 불분명한 영역이었습니다.

아이들만의 공간이 있어야 했습니다. 어린이 글쓰기 카페를 아이들이 놀이터처럼 여기게 하고 싶었으니까요. 어떻게 하면 그렇게 할 수 있을까 생각하다가 메뉴를 바꾸었습니다. '글쓰기 현황표' 메뉴를 따로 만들고, '낙서장'은 아이들을 위한 공간으로 비워둔 것이죠. 아이들이 이 놀이터에서 마음대로 뛰어노는 모습을 상상하면서요. '낙서장' 설명에는 "여러분들이 끄적끄적 낙서하고 싶을 때"라고 적었습니다. 그러자 변화가 시작됐습니다.

어느 날 한 아이가 빼꼼 나타났습니다. 무엇일까 궁금해하면서 지켜보고 있었던 듯합니다. "여기에 정말 아무거나 써도 되나요?"라고 물어봅니다. 그 질문이 올라오자마자 "그럼요. 하고 싶은 이야기는 무엇이든지 올려도 됩니다."라고 댓글을 달았습니다.

한 아이가 카페 낙서장에 방탄소년단 멤버 네 명의 이름을 적고 투표창을 만들었습니다. 갑자기 아이들이 낙서장에 몰려와 누구를 좋아하는지 투표하고 댓글을 남겼습니다. 아이들이 드디어 모여 놀기 시작한 거예요. 며칠 뒤에는 초등학교 5학년 유찬이가 "멘붕이 오는 상황은 언제인가요?"라고 제목을 달고 투표창을 만들었습니다.

> 나도 이런 거 해보고 싶어서 해봅니다. 이것들 중 당신이 가장 멘붕이 오는 상황은?

선택지는 다음과 같다.

콜라 뚜껑 열어놓았을 때

라면 물 붓고 쏟았을 때

반찬이 국물에 빠졌을 때

학원 가야 하는 시간을 모를 때

급한 데 뭐가 잘 안 될 때

숙제 다 못하고 학원 갈 때

몰겜하다 걸렸을 때(최강이다)

내가 잘못한 것도 아닌데 선생님한테 불려갔을 때

쌤이 불러 뭐라 묻는데 못 알아들을 때

물 쏟았는데 오줌 싼 것처럼 보일 때

라면 수프 안 넣었을 때

대변 보고 휴지 없을 때

복수 선택 가능이라는 설명도 덧붙였습니다. 유찬이는 자기에게 일어났던 일 중 어찌할 바를 몰랐던 사례를 알려줍니다. 콜라 뚜껑 열어놓았을 때나 대변 보고 휴지 없을 때처럼 웃긴 상황도 있지만, 학교에서 억울한 상황에 처했을 때 심정을 헤아려보게 되는 부분도 있습니다. 선생님의 질문을 이해하지 못했을 때의 난처함도 보입니다. 어른들은 쉽게 넘어갈 수 있는 상황이라도 아이들은 힘들어 할 수 있어요. 선생님에게 감히 묻지 못하고, 부당한 일을 겪어도 자기 생각을 말하지 못하면 아이들은 수동적인 태도를 익히게 됩니다. 이때 글쓰기는 자신의 모습을 돌아보게 하고 왜 그랬을까를 질문하게 하지요. 친구들에게 재미있는 장면과 불편했던 순간을 떠올리게 하는 유찬이의 글처럼요.

아이들이 신나게 낙서장에서 놀고 있는 사이, 학부모 한 분이 단체 문자방에 다음과 같은 메시지를 올렸습니다.

> 선생님, 아이들이 글쓰기 공간에서 자기들끼리 장난치며 놀고 있는데 그냥 두어도 되는 걸까요?

어떻게 답변할까 하다가 '신통방통 좋은 초능력 투표'라는 제목으로 열 개의 선택지를 올린 아이의 글을 올린 후 다음과 같이 회신했습니다.

> 아이들이 이런 투표를 하면서 노네요. 글을 구상하는 시간이 아닐까요?

그 투표창에는 "숙제 안 했는데 선생님에게 숙제한 걸로 보이게 하는 능력, 100점 맞는 능력, 주머니에 손을 넣으면 집에 있는 걸 꺼내올 수 있는 능력" 등이 담겨 있었습니다. 아이는 숙제를 안 해갈 때 혼나지 않았으면 좋겠다는 바람, 매번 100점을 맞으면 얼마나 좋을까 하는 소망, 부모님에게 제한받지 않고 쓸 수 있는 물건, 예를 들면 게임용 핸드폰을 갖고 싶은 마음을 내비쳤습니다. 컴퓨터처럼 큰 물건은 눈에 띄지만 핸드폰이라면 주머니에 쏙 집어넣을 수 있는 사이즈이니까요. 아이들에게 숙제 걱정, 시험 점수 때문에 혼날까 두려운 마음, 마음껏 놀고 싶은 바람은 초능력이 아니라면 쉽게 해결할 수 없는 일들일 것입니다.

자신의 바람을 낙서장에 자유롭게 표현하는 사이 아이들은 글쓰기에 차츰 다가갔습니다. 주어진 글감을 주제로 쓴 글의 조회수는 보통 3회에서 30회 정도에 불과한데 낙서장의 글들은 딴판이었거든요. 조회수가 20회 아래로 내려간 것은 거의 없고 늘 30회에서 50회 정도를 웃돌았습니다. 170회를 기록한 글도 있었어요. 아이들은 '글쓰기 공간'을 '공부 많이'와 '놀이 조금'으로 봤나 봅니다. 이에 반해 '낙서장'은 완전한 놀이터로 여기는 게 분명했습니다. 간단한 글로 시작된 낙서장이 점점 달라졌습니다. 아이들은 낙서장에 연재소설을 쓰기 시작했습니다. 서로 잘 썼다며 반응이 폭발적입니다. 글쓰기에 가까워지려면 무엇보다 이를 재미있게 받아들이는 게 중요합니다. 글쓰기의 중요성을 아무리 강조해도 들리지 않던 것이 또래 친구들과 함께라면 달라집니다.

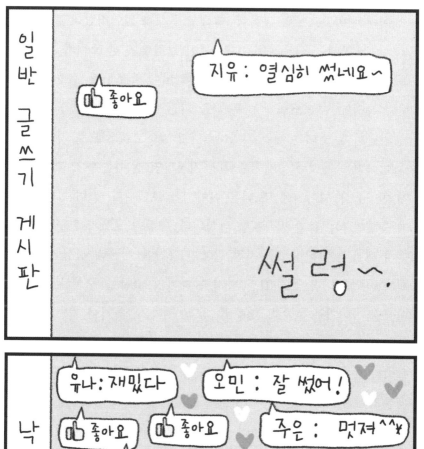

이자벨 아르스노의 그림책 『콜레트가 새를 잃어버렸대!』(상
상스쿨, 2018)에는 새로 이사 와서 낯선 환경을 접한 소녀가 나
옵니다. 밖에 나가 놀라는 엄마의 말에 아이는 무서워 눈물을
뚝뚝 흘리죠. 조심스럽게 대문 밖을 나선 소녀는 동네 친구들
을 만납니다. 소녀는 새를 잃어버렸다고 말하고 상상으로 지어
낸 이야기를 들려주기 시작합니다. 거짓말인 걸 아는지 모르는
지 친구들은 이야기에 또 다른 이야기를 보탭니다. 소녀는 이
제 웃으며 아이들과 골목길을 나섭니다. 어린이 글쓰기 친구들
역시 새를 잃어버린 소녀처럼 글쓰기 공간을 이용해 상상 속
세계를 만듭니다. 끄적끄적 낙서를 해가며 글감을 구상하고,
지어낸 이야기를 들으며 그럴 수 있겠다고 공감하거나 기발한
아이디어라며 댓글을 남깁니다. 부모님에게 혼나서 슬펐던 마
음이나 숙제하느라 힘든 마음을 털어놓으며 서로 소통합니다.

온라인 글쓰기 공간은 친구들과 자유롭게 놀 수 있는 통로
입니다. 아이들에게는 글쓰기 실력을 올리는 일보다 놀 공간을
만들어주는 게 더 중요할 수도 있습니다. 만일 놀면서 글쓰기
연습을 할 수 있다면 그보다 더 좋은 일이 또 있을까요?

쓰고 싶은 마음이
들게 하는 '낙서장'

초등학교 3학년 지욱이는 '고민 상담'이라는 제목으로 낙서
장에 글을 올렸습니다.

> 제가 좀 고민 상담을 잘하는데 고민이 있다면 댓글로 써주세요.

첫 번째 댓글을 쓴 친구는 4학년 미루였습니다. "어떻게 하
면 하루 종일 놀 수 있을까?"

지욱이의 고민 상담 처방전은 "공부 다하고 놀면 잔소리 안
해요."입니다. 지욱이는 엄마의 잔소리를 막을 수 있는 확실한
방법을 알고 있었습니다. 5학년 지강이는 "자기 꿈을 이루려
면 어떤 노력을 해야 할까?"라고 묻습니다. 지욱이는 거침없이
"분야에 맞는 공부"를 하면 된다고 알려줍니다. 3학년 민영이
는 "공부 안 하고 게임만 하는 방법"을 부탁했습니다. 지욱이

는 "미안, 그런 방법 없음"이라고 답을 합니다.

표현만 바꾸면 어른들의 상담 내용과 별반 다르지 않습니다. 아이들은 자신이 한 조언만 옳다고 우기지 않습니다. 여러 가지 선택지를 주고 그 안에서 고르게 합니다. 각각의 조언에 대해 장점과 단점을 말합니다. 듣는 사람은 이 글을 보고 기준을 세울 수 있습니다. 내가 어떻게 하면 상대에게 거절 의사를 분명히 밝힐 수 있는지, 어떻게 하면 되도록 상대에게 상처를 주지 않으면서 헤어질 수 있는지 알게 됩니다.

부모님들이 아이들의 낙서장을 불안한 눈으로 보지 않고 글쓰기에 자연스럽게 다가가기 위한 '안전한 놀이터'로 보면 좋겠습니다. 낙서장에서 시간을 허비하지 않았으면 하는 마음이 아이들을 재미있게 즐기던 글쓰기 세상으로부터 멀어지게 합니다.

낙서장에서 신나게 놀다가도 아이들은 글감이 나오면 바로 움직입니다. 오늘은 어떤 책이 나올까, 글감의 주제는 무엇일까 궁금해하면서 글 쓸 준비를 하거든요. 글감을 전날 미리 올리는데, 바로 쓰는 아이들이 많습니다. 그만큼 기다리고 있었던 거죠. '다른 사람에게 조언하는 편지'를 글감으로 낸 날입니다. 일본의 소설가 히가시노 게이고의 『나미야 잡화점의 기적』(현대문학, 2012)을 소개하고 잡화점에 숨어든 좀도둑이 받은 고민 상담 편지에 답장하게 했습니다.

"여러분이 이런 편지를 받았다면 생선 가게 뮤지션에게 미래에 닥칠 재난을 알려줄까요."와 같은 질문을 두고 아이들은 다른 사람의 일생을 좌우할지도 모르는 조언을 하기 위해 머리를 짜냅니다. 6학년 예은이의 조언을 들어볼까요?

노래 잘 들었습니다. 멋진 곡이네요. 저는 당신에게 그 어떤 말도 해줄 수 없을 것 같습니다. 그저 당신이 원하는 길로 가세요. 그게 정답입니다. 당신이 생선가게를 물려 받는다면 그게 정답이고, 당신이 뮤지션이 된다면 그게 정답일 것입니다. 하지만 이것 하나는 말해 드릴 수 있습니다. 만약 당신이 생선가게를 물려 받는다 하더라도 음악의 꿈을 접지는 마십시오. 당신은 훌륭한 뮤지션입니다. 부디 좋은 대답이 되었기를 바랍니다.

(내가 생선 가게 뮤지션에게 미래를 이야기해주지 않은 것은 도둑 아쓰야의 이유와 같다. 한 번 일어난 일은 바뀌지 않을 것이고, 말해주더라고 이 사람은 믿지 못할 것이기 때문이다.)

이런 글을 쓰면서 아이들은 상대방이 어떻게 느낄지 입장을 헤아리고 내가 그 입장이라면 어떻게 할지 생각하는 연습을 합니다. 글쓰기를 통해서 자신에게 닥칠 어려운 일을 간접 경험을 하고 세상을 알아가며 어떤 길로 가야 하는지 배워갑니다.

단계별 글쓰기 계획표

10분 글쓰기 강좌

구분	단계	목표	내용
1단계	발견 단계	⊞ 글쓰기의 두려움 알기 ⊞ 글쓰기의 즐거움 찾기 ⊞ 글쓰기 장애물 넘기 ⊞ 글쓰기 소질 발견	글쓰기를 해보기 전에는 아이가 왜 글쓰기를 두려워하게 됐는지, 글쓰기의 어떤 점이 좋은지 알지 못합니다. 직접 글을 써보면서 글쓰기가 재미있다는 걸 몇 번 경험하고 나면 아이는 자기에게도 글쓰기 소질이 있다는 걸 발견합니다.
2단계	존중 단계	⊞ 부정적인 감정 파악하기 ⊞ 긍정적인 감정 찾기 ⊞ 감정 표현하기 ⊞ 자존감 올리기 ⊞ 소통하는 즐거움 경험하기	글쓰기가 자기감정을 표출하는 도구가 됩니다. 밖으로 표현하지 못해서 힘들었던 마음을 발견하고, 그 감정을 존중하는 법을 배웁니다. 친구들과 글로 소통하는 즐거움을 느끼고, 감정을 표현하는 법을 익힐 수 있습니다. 자연스럽게 자존감이 올라갑니다.
3단계	습관 단계	⊞ 생각하기 ⊞ 의견 말하기 ⊞ 자기 결정하기 ⊞ 책 읽는 습관 만들기 ⊞ 글쓰는 습관 만들기	글쓰기 활동을 통해 주제에 대해 생각하고 표현하는 법을 배웁니다. 머릿속이 아니라 글로 쓴 문장을 눈으로 확인하면서 자기 의견을 밝힌다는 말이 무슨 뜻인지 깨닫습니다. 책을 읽고 글쓰는 습관을 만듭니다.
4단계	몰입 단계	⊞ 글쓰기에 몰입하기 ⊞ 글쓰기 분량 늘리기 ⊞ 작가처럼 쓰기 ⊞ 독자와 소통하기 ⊞ 글쓰기 활동을 루틴으로 만들기	글쓰기의 재미를 알고 몰입하는 단계로 들어갑니다. 자신의 감정과 생각을 자유롭게 표현하는 법을 익히고 글의 분량을 늘립니다. 작가처럼 일정량의 글을 매일 쓰고 서로의 글을 읽으며 소통하는 재미에 빠질 수 있습니다. 글쓰기 습관이 일상생활에 자리 잡게 됩니다.

알쏭달쏭 상담소

아이가 쓴 글에 어떻게 반응해야 할까요?

Q. 아이가 자기 글을 보라고 가져옵니다. 어떤 반응을 보여줘야 할지 모르겠어요. 잘 쓰지도 않았고, 몇 줄 되지도 않아요. 그러면 안 되는데 자꾸만 다른 아이의 글과 비교됩니다. 속으로는 아쉬운 마음인데 겉으로는 잘했다고 칭찬을 해주어야 할 것 같아요. 제 마음을 숨겨서라도 잘했다고 해야 하나요?

A. 앞서 부모님이 응원하고 긍정적인 피드백을 해야 아이가 글쓰기 끈을 놓지 않는다고 했습니다. 그런데 억지로 하지 말고 자연스럽게 해야 해요. 아이들은 생각보다 눈치가 빠르거든요. 엄마 아빠의 표정을 보고 금방 파악합니다.

아이만이 아니라 부모님의 감정도 중요합니다. 속상한데 참고 계속 칭찬하기는 어렵습니다. 그러니 부정적인 감정을 해소할 방법을 찾아보세요. 아이의 친구 엄마와 이야기를 나눠봐도 좋습니다. 아이에게 직접적으로 할 수 없는 말이나 아이에 대한 부정적인 감정을 서로 이야기하다 보면 공감대가 형성되기도 하고, 일단 쏟아내면 개운해지니까요. 억지로 감정을 숨기지 않도록 칭찬해야 한다는 의무감에서 벗어나 자신을 돌아보고 조절하는 시간을 가져보세요.

다음으로 왜 자기에게 그런 생각이 들었을까 내면을 들여다봅니다. 아마도 '아이에게 기대치가 높다, 내 아이가 다른 아이보다 잘했으면 좋겠다, 아이가 집중하면 지금보다 훨씬 나아질 텐데 노력을 제대로 하지 않는다'와 같은 마음을 발견할 텐데요. 이럴 때 '부모란 원래 그런 것인가 보다' 하고 받아들이는 게 중요합니다. 나만 그런 게 아니라 '대부분의 부모가 그럴 것이다'라고 자신에게 엄격한 잣대를 두지 않았으면 좋겠습니다. 자기 감정을 돌보고 나면 마음이 풀어져서 너그러워집니다. 이렇게 마음을 부드럽게 만들어놓고 칭찬 멘트를 미리 만들어보세요. 아이들은 특별한 칭찬을 바라는 게 아닙니다. 부모님이 좋아했다는 것만으로도 기뻐합니다.

칭찬 멘트가 딱히 생각나지 않는다면 "네가 쓴 글을 읽어주렴. 귀 기울여 들어볼게." 하고 말해보세요. 이때 오직 아이의 목소리에 집중하고 글을 읽는 얼굴을 지그시 쳐다봅니다.

그리고 계속 웃으면서 듣습니다. 아이가 무슨 이야기를 썼는지 기억하려고 노력하면서요. 긍정적인 에너지가 전달될 것입니다. 아이는 엄마를 쳐다보지 않아도 느낌으로 압니다.

마지막에는 "와. 잘 썼다." 이 말을 먼저 합니다. 칭찬은 아무리 많이 해도 지나치지 않습니다. 다음으로 아이가 쓴 내용 일부를 인용하면서 "이 부분이 특별히 좋았어. 어떻게 이런 생각을 했을까." 이런 말을 해줍니다. 나머지는 그날 글에 따라 조금씩 보태주고요. 어색할 것 같으면 메모를 하고 혼자서 몇 번 연습을 해봐도 좋겠습니다.

3장

글쓰기의
즐거움을
알아가다

엄마와 카톡 대화를 나누며 글쓰기 습관을 만든다

글쓰기를 정식으로 배워야 한다거나 노트나 컴퓨터 앞에서 써야 한다고 제한을 둘 필요는 없습니다. 글쓰기를 해야 한다는 생각 자체가 아이를 부담스럽게 만들고 무엇을 써야 할지 몰라 갈팡질팡하게 하니까요.

아이들이 쉽게 글쓰기 습관을 들일 수 있는 방법으로 엄마와의 카톡 대화를 추천합니다. 아이들은 엄마의 관심과 피드백, 긍정적인 반응에 목말라 하거든요. 엄마 입장에서는 충분히 더 할 수 없을 만큼 사랑을 준 것 같아도 아이들은 다르게 느낄 수 있습니다. 형제자매가 있을 때 더 그런 편인데요. 아이들은 엄마를 독차지하고 싶어 합니다. 그런 점에서 엄마가 아이와 카톡 대화를 하면 이런 점이 좋습니다.

첫째, 아이는 엄마에게 사랑을 충분히 받고 있다고 느낍니다. 엄마가 형, 언니, 동생과 비교하지 않고 자기에게만 말을 거는 거니까요.

둘째, 엄마의 카톡을 보면서 문장 읽기 연습을 합니다. 자기에게 온 특별한 메시지니까 반드시 읽어보겠지요. 무슨 말을 하는지 잘 파악합니다.

셋째, 답장을 하면서 글쓰기를 하는데요. 문맥에 맞는 회신을 연습하게 됩니다. 아이들은 카톡 문자를 보낼 때 딱히 글쓰기라고 여기지 않습니다. 사실 아이들도 엄마와 대화를 하고 싶어 해요. 하지만 '~해라', '~하지 말아라'라는 이야기라면 '네' 또는 '싫어요'라는 반응으로 끝날 수 있으니 아이의 행동을 바로잡는 이야기 말고 아이들이 관심을 가질 만한 이야기를 해야 합니다.

글쓰기 카페에서 엄마가 글을 쓰고 아이가 답글을 달게 한 적이 있었는데요. 어린 시절 엄마·아빠가 하고 놀았던 놀이를 아이에게 소개해주는 것이 글감이었습니다. 이때 채은이 엄마는 매일 글 쓰는 채은이를 대단하다고 칭찬하고는 머리카락 싸움놀이를 알려주었어요. 엄마의 글과 채은이의 반응을 볼까요.

> 머리카락 싸움은 지금도 바로 할 수 있단다. 각자의 머리카락 한 올을 뽑아서 서로 얽히게 한 다음 잡아당기는 거야. 머리카락이 끊어지는 쪽이 지고, 안 끊어지는 쪽이 이기는 건데 별것 아니지만 참 재미있었어. 덕분에 어릴 적 생각도 나고 참 좋다. 써놓고 보니 지금도 충분히 할 수 있는 놀이라는 생각이 들어. 언제 우

리 같이 해볼까?.
　　ㄴ, 엄마, 고무줄놀이 나도 알려줘.
　　　그리고 나도 머리카락 싸움할 줄 알아.
　　　같이 해보자.

　채은이는 엄마와 머리카락 싸움을 하고 싶다고 얼른 댓글을 달았습니다. 엄마의 글을 적극적으로 읽고 자신의 의견을 남긴 거죠. 이처럼 이야기 주제에 따라 아이들이 관심을 보여주는 정도는 크게 달라집니다. 아마 아이들은 엄마나 아빠의 어린 시절 꿈이 무엇이었는지에 대해 들려주어도 흥미를 느낄 거예요.

　어린이 글쓰기에 참여하는 진하는 엄마가 예전에 매일 손편지를 가방에 넣어주던 일에 대해 말해주었는데요. 엄마가 편지에 무슨 말을 썼을까 궁금해하면서 학교에 도착해 편지를 펼치는 순간이 너무나 행복했다고 고백합니다. 그러고는 손편지를 또 받아봤으면 하는 바람을 내비쳤습니다. 그런데 매일 손편지라니 정말 어렵잖아요. 만일 카톡 편지라면 어떨까요. 엄마나 아이들과 친구처럼 카톡으로 대화를 나눈다고 생각하고 시도해보세요. 이런 질문도 좋겠습니다.

"주말에 뭐하고 놀고 싶은지 말해줘."
"가족 휴가로 어디를 갈지, 가서 어떻게 보내고 싶은지 이야기해주렴. 의견을 모아보려고."

"하루 동안 네 마음대로 해도 된다면 무엇을 하고 싶어?"

"생일 선물로 받고 싶은 게 뭐야."

아이들은 바로 답글을 보내올 거예요. 그러면 즐거운 계획을 세우며 마음을 나눌 수 있습니다. 더불어 엄마와 카톡으로 대화를 주고받는 사이 아이는 자기도 모르게 글쓰기 습관을 만들어갈 것입니다.

아이 엠 그라운드~
자기소개하기!

글쓰기 카페에 처음 자기소개 글을 올릴 때 아이들은 떨리는 마음을 전합니다. 모르는 친구들이 몇십 명 모여 있는 공간에서 자기를 어떻게 소개해야 할지 어려워하지요.

30일마다 새로운 글쓰기 기수를 시작하는데 계속 참여하던 친구들은 또 다른 이유로 어려움을 호소합니다. 지난 기수와 조금이라도 다르게 소개 글을 준비해야 한다는 규칙이 있거든요. 아이들은 이제 더 말할 게 없는 것 같다며 자기를 어떻게 소개해야 하나 고민합니다. 글쓰기를 시작하는 아이와 오랫동안 참여한 아이 모두 자기소개 글쓰기를 어려워합니다.

아이들이 힘들어하는데도 자기소개를 시키는 이유는 세 가지입니다.

첫째, 자기소개 글은 자기를 알아가는 첫걸음이기 때문입니다. 우리는 자신에 대해 누구보다 잘 안다고 생각하지만 사실 모르는 게 많습니다. 일상생활에서 감정의 기복을 겪을 때 왜 의기소침해지는지, 왜 불안한 마음이 들고 화가 나는지 원인을 살펴볼 생각을 하지 않습니다. 분명 이유가 있을 텐데 무심코 지나쳐버리고 마는 거지요. 이는 자기 마음 안으로 들어가는 문을 찾지 못해서입니다. 손잡이가 어디에 있다는 걸 알면 속 마음으로 들어갈 수 있는데 말입니다. 글쓰기는 내면의 문으로 이끄는 역할을 합니다. 연필을 잡거나 자판을 두드리면서 스스로에 대해 생각하기 시작할 때 아이들의 시선은 마음의 문 쪽으로 자연스럽게 움직입니다. '내가 정말 하고 싶은 건 무엇일까?', '내가 원하는 건 뭐지?'라며 자신에게 관심을 갖습니다. 아이들은 0일 차 글감 '자기소개를 합니다' 글을 올리는 날, 자신을 알아가는 탐험을 떠납니다.

둘째, 자기를 소개하면서 서로 환대하는 법을 익히기 때문입니다. 글쓰기를 하러 모인 아이들은 글쓰기 카페 반별로 30명 내외인데요. 직접 만날 때보다는 덜하지만 인원이 많아서 긴장되긴 합니다. 아이들은 '새로 만난 친구들이 나를 어떻게 생각할까', '내가 잘 적응할 수 있을까'와 같은 고민을 하며 첫 글을 올리고 친구들의 반응을 기다리죠. 글쓰기 프로그램에 처음 참여하는 정연이도 그랬습니다. 정연이는 소개 글에 "저는 시 쓰기에는 자신 없어요."라는 글을 올렸습니다. 그러자 몇 달 전부터 참여해서 적응을 마친 겸지가 "연습하다 보면 시를 잘 쓸 수 있어. 이번 기수도 파이팅"이라는 댓글을 달았습니다. 정연이는 고맙다고 댓글을 달며 마음이 놓인다고 했지요.

몇 기수 참여한 호담이는 흥이 넘치는 아이입니다. 자기소개를 하면서 호담이는 몇 달 동안 한 번도 빠지지 않고 글을 썼다고 친구들에게 알려줍니다.

그런 호담이의 글을 읽고 한 아이가 "안녕, 나 기억나? 9기인가 같이 했었잖아." 댓글을 달았고, 또 다른 아이는 "지난번 질문에 대해 알려줘서 고마웠어. 잘 지내자, 파이팅."이라고 댓글을 남겼습니다. 친구들의 환영에 호담이는 "다들 이렇게 댓글을 남겨주어 고마워."라고 반가운 인삿말을 전했습니다. 글쓰기 공간에 첫발을 내디디면서 아이들은 이렇게 서로를 반기고 응원합니다.

셋째, 자기소개 글을 올리며 소통하는 사이 글쓰기의 두려움에서 벗어나게 되기 때문입니다. 글쓰기 프로그램에 처음 참여할 때 아이들은 엄마의 강요로 억지로 하게 되었다며 자기소개 글에 불만을 털어놓는 경우가 많습니다. 같은 입장인 아이들은 그런 친구의 글을 보면서 '나도 그런데' 하며 안심을 하게 되지요.

엄마의 권유가 아니라 친구소개로 온 아이들은 글쓰기를 조금은 편하게 대하는데요. 신뢰하는 친구의 소개로 왔기 때문에 자기소개 글에 글쓰기에 대한 기대가 담겨 있습니다. 아이들은

그런 사연을 읽으면서 긴장을 누그러뜨립니다. 새로 온 아이들은 친구가 소개해서 참여했다는 이야기를 들으면 '재미있는 곳인가 보다'라고 기대합니다. 사소해 보이는 자기소개 글이 아이들을 두려움에서 기대감으로 이끌어주는 것이죠.

글쓰기 카페에서 오래 글을 쓴 아이들은 첫날 쓴 자기소개 글을 잊지 못합니다. 30일을 마무리하는 날에는 '자신을 응원하는 편지'를 글감으로 주는데요. 그때 아이들은 첫날 글쓰기 카페에 왔던 날을 회상합니다. 한 달 동안 자기가 쓴 글 중 가장 마음에 드는 걸 골라 칭찬하는 글감을 내면 자기소개 글을 선택하는 아이들도 많습니다. 그만큼 자기소개 미션이 아이들에게 깊은 인상을 준 거죠.

아이들은 자기소개하기를 통해 자신은 물론 서로를 알아가면서 반갑게 서로를 맞이하는 방법을 배웁니다. 그러면서 글쓰기 세계에 자연스레 들어오게 됩니다.

글쓰기의 처음,
흥미 있는 주제로 시작한다

여럿이 모인 공간이다 보니 아이들은 서로의 시선을 의식하며 긴장합니다. 그래서 자기소개 글을 쓰면서 아이가 마음을 조금 누그러뜨렸다면 1일 차는 재미있으면서 쉽게 접근할 수 있는 글감을 냅니다. 듣자마자 생각이 떠오르는 주제라면 더욱 좋지요. 예를 들면 기무라 유이치가 쓰고 아베 히로시가 그린 『폭풍우 치는 밤에』(미래앤아이세움, 2005)와 같은 그림책을 이용해서 질문을 만드는 것입니다.

어두컴컴한 밤에 폭풍을 피해 오두막을 찾은 염소와 늑대가 서로의 정체를 알지 못한 채 이야기를 나누는 장면에서 염소와 늑대가 나누는 대화를 적어주고 '다음 날 둘은 과연 친구가 될 수 있을까요?'라는 주제로 글감을 올렸습니다. 아이들은 크게 망설이지 않습니다.

다음 글은 초등학교 3학년 다인이의 글입니다.

아뇨, 못 될 것 같아요. 왜냐하면 늑대는 염소 맛을 알 거잖아요. 같이 다니다가 아앙! 물어버릴 것 같아요.

아주 위험합니다. 그래서 늑대와 염소가 친구가 될 수 없다! 절대로! 염소가 너무 불행할 것 같아요.

절대로 안 된다고 봅니다. 그래서 전 반대

조금 짧았지만…ㅋㅋ 이게 제 생각이에요.

다인이는 말하듯이 글쓰기를 하면 된다는 걸 잘 알고 있습니다. 생각을 정리한 다음에 쓰려면 더 어려울 수 있습니다. 다인이는 안 된다는 쪽으로 말하면서 염소 고기 맛을 알고 있는 늑대의 본성을 언급했습니다. 늑대는 염소를 먹어봤을 것이므로 친구처럼 같이 다니다가도 배고프면 잡아먹을 거라고 예상하는 거죠. 배고픈 상황이 되면 늑대는 염소가 친구가 아닌 먹이로 보일 거고 염소가 불쌍하다며 반대 의견을 밝힌 글입니다.

다인이는 짧지만 자기 생각을 자신 있게 씁니다. 어느 쪽인지 입장을 선택하고, 이유를 설명하고, 미래에 발생할 일을 예측합니다. 먹이사슬 관계에서 자연스럽게 나올 늑대의 본성과 약자의 마음을 다루었습니다. 다인이는 글쓰기를 재밌어 하지는 않았습니다. 귀찮아서 미루기도 하고 안 쓰기도 했는데요. 점점 재미를 느낀다며 변화된 자기 모습을 쓰기도 했습니다. '똥꼬발랄'하면서도 소심한 면이 있다고 자기를 소개했던 다인이는 글쓰기를 통해 자신의 다양한 면을 발견하고 있습니다.

초등학교 5학년 준우는 세 가지 상황으로 구분해서 재치 있는 상황극으로 구성했습니다.

[상황1]
늑대와 염소가 만났다. 어젯밤에 만났던 늑대를 못 알아본 염소는 달아나고 늑대가 그 뒤를 쫓는다.

[상황2]
염소: 어젯밤에 봤던 친구는 언제 오지?
늑대: 어? 저 목소리는? 저기… 폭풍우 치는 밤에!!!(정들어서 먹기 싫음)
염소: 내가 만났던 게 늑대였어? 헐.
늑대: 에잇, 가버리네.

[상황3]
염소: 어젯밤에 봤던 '친구'는 언제 오지?
늑대: 어? 저 목소리는? (꼬르륵) 저건 내가 어젯밤에 만났던… 염소? 아, 잘됐다 (꼬르르륵)
염소: 으악! 늑대닷!!!
늑대: 안녕.
염소: (저 목소리는?) 폭풍우 치는 밤에!!!
늑대: (꿀꺽! 와그작 와그작)

염소와 늑대가 만나면 어떤 상황이 벌어질까요. 준우의 질문은 여기에서 시작됐습니다. [상황1]은 서로의 존재를 몰라볼 때입니다. 염소는 도망가고 늑대는 뒤를 쫓습니다. 어두운 밤 익명의 존재로 이야기를 나누었기에 늑대와 염소는 서로를 알아보지 못합니다. [상황2]에서 준우는 염소의 목소리를 기억하는 늑대를 만들었습니다. 하룻밤 사이지만 이야기를 나누면서 친해졌기에 염소를 알아본 늑대는 먹지 않으려고 합니다. 이때 약자인 염소는 늑대를 두려워하면서 도망치고 맙니다. 한쪽이 친구로 여겼다고 해도 관계로 이어지지 않는다는 걸 보여줬습니다. [상황3]은 비극적인 결말입니다. 서로의 목소리를 알아봤지만 늑대는 개의치 않고 잡아먹으려 하고, 염소는 늑대와 친구였던 시간을 생각합니다. 준우는 현실적인 인간관계를 생각합니다. 서로 좋아했던 친구 사이가 상황에 따라 얼마나 약하게 끊어질 수 있는지를 보여줍니다. 그러면서 세 가지 상황 모두 친구로 남을 가능성이 없다고 합니다.

글쓰기 글감으로 흥미 있는 주제를 준비하면 아이들은 얼마든지 이야기를 떠올리고 그걸 옮겨 적을 수 있습니다. 이렇게 쓸까 저렇게 쓸까 생각하다가 준우처럼 대화체로 시나리오를 만들어보기도 하고요.

얼마나 썼는지 분량은 중요하지 않습니다. 첫 줄을 시작하도록 흥미 있는 주제로 이끈다면 아이들은 자기만의 이야기를 풀어놓을 것입니다.

여러 학년이 섞여
서로에게 배운다

아이들이 모여 같은 주제로 글을 쓰다 보면 경쟁심도 따라옵니다. 다른 친구와 비교하게 되고 나보다 잘쓰는 친구가 보이면 쉽게 위축되기도 하지요. 남과 비교하지 말고 각자 열심히 하자고 해도 귀에 잘 들어오지 않습니다.

그런데 나이와 학년을 나누지 않고 글쓰기 모임을 운영하면 분위기가 달라집니다. 초등학교 저학년과 고학년이 섞여 있으면 같은 학년끼리 경쟁하는 상황을 피하게 되죠. 그런 환경이 조성되면 아이들은 학년에 따라 글쓰기 실력이 나뉘지 않는다는 사실을 쉽게 발견합니다. '이런 친구도 있고 저런 친구도 있구나' 하고 받아들입니다.

부모님들은 학년별로 수준 차이가 크게 날 테니 3~4학년, 5~6학년으로 구분하기를 바라는 경우가 많은데요. 실제로 글쓰기 프로그램을 운영하다 보면 학년 차이보다 개인차가 훨씬 더 큽니다. 아이가 얼마나 책을 많이 읽었느냐 또는 평소에 생각하는 연습을 얼마나 했느냐에 따라 다릅니다.

경쟁하는 분위기가 아니라야 아이들은 마음 편히 글쓰기에 다가갑니다. 글쓰기 공간에 또래만이 아니라 동생, 언니, 형이 같이 있다고 생각하면 아이들은 긴장을 풀게 되죠. 저학년에게 보이는 세상과 고학년에게 비치는 세상이 다르다는 것도 글을 통해 금방 알게 됩니다. 물론 고학년은 저학년에 비해 생각의 폭이 넓고 저학년 아이들은 기발한 상상력을 발휘해 쓰는 경우가 많긴 하지만요.

학년 차이가 많이 날 때 같은 대상을 두고 학년에 따라 아이들이 무엇을 중점적으로 보는지 그 차이를 확인한 적이 있었습니다. 다문화 학생 대상으로 도서관에서 독서토론 수업을 할 때였습니다. 초등학생을 대상으로 하였으나 모집이 잘 되지 않았고, 코로나19 바이러스가 많이 퍼질 때라 부모들은 신청하기를 꺼려 했죠. 고민 끝에 도서관장님과 상의하여 초등학생과 중학생이 함께하는 프로그램으로 변경했습니다.

총 12강 중 소피 블랙올의 그림책 『안녕 나의 등대』(비룡소, 2019)로 토론했던 날입니다. 초등생 눈높이에 맞추면서 먼저 그림책 표지를 보여주었습니다. 책을 감싸고 있는 겉표지를 벗겨내면 조금 다른 그림의 속표지가 나옵니다. 두 개의 책 표지를 소개한 후 아이들에게 각자 본 것에 대해 말하도록 했습니다. 중학교 2학년 영무와 준성이는 바다와 등대가 보인다고 했지만 겉표지와 속표지의 차이점을 크게 발견하진 못했습니다. 반면 초등학교 2학년 보현이와 3학년 성진이는 등대에서 나온 불빛이 각각 다르게 보인다고 했습니다.

> 낮이라 등대 불빛이 잘 보이지 않았는데요. 밤이 되니까 등대에서 노란 불빛이 나와요. 노란 선이 막 나와서 컴컴한 하늘을 비춰주고 있어요. 밤에는 파도의 크기도 더 커졌어요.

보현이와 성진이는 이렇게 좀더 세밀하게 그림을 관찰했습니다. 이때 초등학교 5학년 민성이도 의견을 보탭니다.

> 등대 꼭대기에 서 있는 등대지기가 폼을 잡고 있어요.

아이 말을 듣고 보니 바다를 살펴보는 등대지기 어깨에 힘이 들어가 있는 모습입니다. 중학생들은 그제야 그림에 시선을 다시 두면서 웃습니다. 이렇게 같은 책을 보면서도 학년에 따라 아이들 사이에 차이가 납니다. 고학년은 그림책의 '글'에 더 집중하고 그림은 잘 보지 않습니다. 저학년은 그림이 먼저 눈에 들어옵니다.

다른 학년이라도 같은 공간에서 어울릴 기회가 있으면 서로 존중하는 태도를 자연스럽게 익히게 됩니다. 한국 사회는 다양한 의견을 받아들이기엔 분위기가 다소 경직되어 있습니다. 어디서나 나이를 기준으로 사람들을 먼저 구분하지요. 하지만 여러 학년이 모여서 글쓰기를 하는 아이들은 나이에 상관없이 서로를 부족한 부분을 채울 수 있는 글쓰기 친구라고 느낍니다.

『나만의 바다』(바다는기다란섬, 2017)를 소개하고 '어떻게 하면 나만의 바다를 간직할 수 있을까요'라는 주제를 내준 날이었습니다. 6학년 예진이는 페트병을 이용해서 미니어처 바다를 만드는 방법을 설명했습니다. 5학년 무진이는 '남는 건 사진뿐'이라며 사진 찍기를 추천했지요. 또 다른 5학년 상윤이는 바닷가에서 며칠을 지내다 바다가 지겨워질 때쯤 돌아오면 마음속에만 간직해도 될 거라고 했습니다. 4학년 솔이는 원하는 바다를 상상하고 꿈의 바다를 즐기면 된다고 말합니다. 3학년 은진이는 "바다에서 주운 조개나 미역 같은 걸 집으로 가져와서 깨끗이 닦고 소중히 간직하면 나만의 바다를 간직할 수 있다."라고 썼습니다. 이 글에 5학년 예람이는 "조개나 미역을 볼 때마다 바다 생각이 나겠다!"라고 공감했지요. 또 다른 3학년 규림이는 욕조를 나만의 바다로 꾸미고 수영복을 입고 들어가 철푸덕철푸덕 놀면 된다고 이야기합니다.

이렇게 같은 글감을 두고 아이들은 제각기 다른 방법을 알려 줍니다. 다양한 학년이 함께하는 글쓰기 공간에서 아이들은 색다른 재미를 느끼고 서로의 글에 공감하는 법을 자연스럽게 배웁니다.

또 다른 사례를 소개해볼게요.『플란더스의 개』(비룡소, 2004)에서 그림 그리기에 천재적 재능을 가진 주인공 소년 넬로가 "루벤스의 그림을 볼 수 있다면 죽어도 좋을 만큼 행복할 텐데….."라고 말한 사연을 소개한 날도 마찬가지입니다. 글감 주제를 '죽어도 좋을 만큼 나에게 행복한 일'로 정했습니다. 5학년이나 6학년 학생들은 좋아하는 운동을 비롯해 평소 하고 싶었던 일이나 버킷 리스트, 가족과 친구의 소중함을 말했지요. 어린이 글쓰기 프로그램은 3학년부터 참여할 수 있는데요. 꼭 하고 싶다고 해서 받아준 2학년 지환이는 엉뚱하게도 구구단을 글쓰기 소재로 들고 왔습니다. 궁금해서 계속 읽어보니 처음에는 구구단 외우기가 어려웠는데 다 외운 순간 죽어도 좋을 만큼 너무나도 행복했다는 거예요. 그러면서 '8×8=64'를 예로 들어주었습니다.

초등학교 3학년 현빈이는 엄마가 원하는 장난감을 사줄 때나 엄마와 함께 집에 있는 게임을 할 때를 상상합니다. 4학년 지효는 '하하송송' 곡을 틀어놓고 엄마와 거실 바닥에서 뒹굴며 잘 때 행복해서 꿈만 같았다고 합니다. 학년에 따라 아이가 행복을 느끼는 순간이 달라지는 걸 볼 수 있지요? 같은 학년만 모여 있었다면 이처럼 다양한 이야기가 나왔을까요?

우리는 자라면서 나이, 지위, 권위의 차이를 자연스럽게 익힙니다. 놀이터에 놀러 나간 아이도 처음 만나면 서로 몇 살인지를 묻지요. 어디를 가나 나이를 묻고, 지위를 따지고, 상대가 누군지에 따라 존댓말을 해야 할지 반말을 해도 좋을지를 판단합니다. 가정에서도 자녀는 부모를 따라야 하는 존재입니다. 어릴 때부터 우리는 매 순간 만남 속에서 위아래를 구분하고 그에 맞게 행동하고 생각하는 법에 적응합니다.

이런 환경에서 고학년과 저학년이 한 공간에 모여 서로의 글을 존중하며 공감하는 아이들이 많아진다고 생각해보세요. 미래엔 소통하는 사람들이 좀더 많아지지 않을까요? 글쓰기를 함께하면서 서로의 생각이 다를 수 있음을 느끼다 보면 사고가 더욱 유연해질 테니까요. 글쓰기는 아름다운 관계를 만드는 기초공사와도 같습니다.

글쓰기를 통해
스스로 커가는 아이들

자기 아이는 잘 알고 있다고 생각하는 부모가 많은데 사실 그렇지 않습니다. 집에서는 한마디도 하지 않는 아이가 친구들과 엄청나게 수다를 떨기도 하고, 가족에게는 할 말 다하는 아이가 친구들 앞에서는 조용한 경우도 많습니다. 『가르칠 수 있는 용기』(한문화, 2013)를 쓴 파커 J. 파머는 교사를 향해 무엇을 가르칠지 생각하지 말고 학생과 마음으로 연결하라고 말합니다. 또 가르치는 행위는 테크닉이 아니라 교사의 자기 발견에서 나오는 자아정체성과 성실성에서 흘러나온다면서 아이들이 어떤 모습인지 눈으로 보지 말고 마음으로 보고 귀를 기울이라고 말입니다.

이는 『아내를 모자로 착각한 남자』(알마, 2016)를 집필한 미국의 신경학자이자 작가인 올리버 색스와 연결되는 부분이 있습니다. 그는 신경과전문의로 활동하면서 환자들의 사연을 주의 깊게 들었는데요. 그러자 혼자만의 세계에 갇혀 있던 환자들의 삶이 아름답게 피어났습니다.

올리버 색스가 만난 환자 중에는 어린아이 같은 처녀 레베카도 있었습니다. 그녀는 오른쪽과 왼쪽을 구별하지 못하고 집 근처에서도 길을 잃기 일쑤입니다. 사람들은 레베카를 우둔한 여자애로 보았죠. 그런데 올리버는 그녀에게서 천부적인 시인의 능력을 발견하고 이끌어주었습니다. 지능지수가 60 이하였는데도 시적인 언어를 잘 이해하고 표현했거든요. 올리버는 특별 연극에서 레베카가 활동할 수 있도록 해주었는데요. 그녀는 '맡은 역을 연기할 때는 완전한 인간'이 되었습니다.

올리버는 환자를 진료하면서 그들 각자에게 특별한 세상을 열어주었습니다. 글쓰기는 아이들에게 그런 역할을 합니다. 내면의 경이로운 영역으로 들어가는 문을 아이가 열 수 있도록 도와줍니다. 아이들마다 고유한 능력과 재능이 있는데 문을 못 찾는다면 평생 닫혀버린 채로 살 수밖에 없습니다. 예를 들어 소심한 아이라면 '난 왜 소심할까' 자책하며 평생을 살지도 모릅니다. 그런 경우에 적용할 수 있는 글쓰기 시간을 가진 적이 있습니다. 『나는 소심해요』(이마주, 2019)를 읽고 "소심함은 (   )이다."라는 문장에서 괄호를 채우고 이유를 말해보는 시간이었습니다.

소심함은 …

└ 차분한 능력이다. 상대방이 말을 걸어오게 하는 능력이다. 말을 하기보단 들어주는 능력이다.

└ 자세히 볼 수 있는 능력이다. 신중하게 고민하고 결정하는 능력. 소심하면 말을 아끼면서 생각을 많이 한 끝에 결정한다.

└ 배려하는 능력이다. 소심하지 않고 대담한 사람들은 자기만 생각하기 쉽고 남에게 피해를 줄 수 있다.

└ 정의로운 능력이다. 다른 사람 말에 귀를 기울여서 좋은 일을 한다.

└ 깊이 생각하는 능력이다. 말을 할 때 다른 사람의 반응을 살피면서 주의 깊게 생각하고 행동한다.

└ 친구를 잘 관찰하는 능력이다. 무슨 성격인지 무엇을 좋아하는지 알게 된다.

└ 어떤 것이든 신중하게 생각할 수 있는 능력이다. 남의 말을 잘 이해하고 공감하는 능력이다. 말을 많이 안 하니까 상대의 말에 귀 기울이고 생각할 시간을 갖게 된다.

└ 능력보다 특기라고 말할 수 있다. 발표할 때 얼굴이 빨개진다.

└ 좋은 결정을 할 수 있는 능력이다. 소심하면 여러 상황을 고려해서 최종 결정을 잘 내린다.

아이들은 소심함 속에서 수많은 능력을 발견했습니다. 아이는 저마다 가진 특별한 능력을 다양한 모습으로 발현하면서 성장해 나갑니다. 바로 자신을 알아가는 글쓰기를 하는 것이죠.

디지털 시대, 온라인 글쓰기를 하는 우리 아이들은 글을 쓰면서 각자 어떤 유형에 속하는지 스스로 찾아갑니다. 천천히 쓰는 아이들, 스스로 소심하다고 말하는 아이들, 마음이 아프다고 하는 아이들, 할 수만 있다면 300년이라도 살고 싶다는 아이들이 있습니다. 한 가지 모습만 갖고 있는 아이들은 없습니다. 어떨 때는 생각이 잘 안 떠올라 시간을 들여 천천히 쓰기도 하고, 난 왜 이렇게 소심할까 고민하기도 합니다. 또 어떤 때는 자신감이 흘러 넘쳐 신이 나서 글을 쓰기도 합니다.

글 한 편을 쓸 때마다 아이들은 자신의 감정을 살피고, 자기 모습에 대해서 알아갑니다. 무엇을 좋아하고 무엇을 싫어하는지를 깨닫습니다. 가족이나 친구에게 하기 싫으면 싫다고, 좋으면 좋다고 솔직하게 말할 수 있는 능력을 키워나갑니다. 하고 싶은 일이 있을 때 부모에게 떼쓰고 조르지 않고 왜 필요한지 생각해보고 글로 당당하게 말합니다. 자기를 사랑하는 법, 자기를 위하는 법을 글쓰기를 통해 매일 익히면서 아이들은 성장합니다. 글쓰기는 아이들을 웃고 행복하게 만드는 길입니다.

글쓰기 지도의 7가지 원칙

원칙1 글을 고치지 않기

잘못 썼으니 고치라는 이야기를 들으면 아이들은 위축됩니다. 타의에 의해 글을 지우고 다시 써야 한다면 아이들은 의욕을 잃어버립니다. 아이의 글을 있는 그대로 인정해주세요. 맞춤법이나 형식 말고 그 안에 담긴 아이의 생각을 먼저 봅니다.

원칙2 필요한 시간만큼 기다려주기

글쓰기를 할 때 서두르면 생각이 잘 떠오르지 않습니다. 무엇을 쓸까 고민하고, 그것을 글로 풀어쓰는 데는 시간이 걸립니다. 빨리 쓰는 아이들도 있지만 오래 걸리는 아이들도 많습니다. 속도에 맞게 기다려주세요. 천천히 써도 된다고 말해주세요.

원칙3 다른 아이의 글과 비교하지 않기

글쓰기를 시작한 지 얼마 안 된 아이도, 어떤 글이 잘 쓴 글인지 금방 알아봅니다. 그래서 자기가 쓴 글과 다른 친구 글을 비교하고 부끄러워할 수 있습니다. 아이 글을 다른 아이가 쓴 글과 비교하지 않습니다. 오직 아이 글에만 집중해서 읽습니다. 굳이 비교하려면 아이가 이전에 쓴 글과 비교해주세요.

원칙4 진심으로 감탄하기

아이들은 누군가 자기 글에 집중하고 감탄하는 모습을 보일 때 글쓰기에 집중합니다. 자기 생각과 감정에 공감하는 이를 만날 때 기쁨을 느끼지요. 그 경험이 글쓰기 에너지로 작용합니다. 진심을 다해서 감탄해주세요.

원칙5 잘한 부분을 구체적으로 말하기

'참 잘 썼다', '열심히 했네'와 같은 말은 아이들의 기분을 좋게 합니다. 칭찬할 때 어떤 부분이 특별히 마음에 들었는지를 말해줍니다. 아이가 쓴 글을 보고 마음에서 느껴지는 대로 좋은 점을 이야기해주세요. 구체적으로 어떤 부분을 잘했다고 말하면 아이들은 잘하려고 더 노력합니다. 하고 싶은 마음이 생기니까 집중하게 됩니다.

원칙6 아낌없이 칭찬하기

칭찬을 아끼지 마세요. 아이들의 글은 매번 달라집니다. 오늘은 이만큼, 내일은 이보다 조금 더 칭찬하는 식으로 단계적으로 올리지 않습니다. 아이는 그날 할 수 있는 최선을 다해 글쓰기를 했습니다. 칭찬도 최선을 다해주세요.

원칙7 가르치지 않기

아이들이 스스로 글을 쓸 수 있도록 기다립니다. '이렇게 해봐, 저렇게 해봐'라는 설명은 틀을 만들고 글쓰기 상상력에 걸림돌로 작용할 수 있습니다. 경험을 쌓아가면서 스스로 방법을 터득할 때 글쓰기는 온전히 자기 것이 됩니다. 가르치지 않아도 아이들은 글을 어떻게 쓰면 되는지 스스로 터득해갈 수 있습니다.

글쓰기 분량은 어떻게 늘려야 할까요?

Q. 글쓰기를 싫어하는 아이를 달래서 겨우 시작했습니다. 그런데 한참 앉아 있어도 몇 줄 쓰지를 못합니다. 서너 줄 쓰는 데도 한 시간이 걸리고 옆에서 지켜보면 아이가 앉아서 딴짓만 하고 있는 것처럼 보입니다. 그런데도 기다려주어야 하는지요? 글쓰기 분량을 늘려야 실력이 늘 텐데 조바심이 납니다. 어떻게 하면 아이가 글을 길게 쓸 수 있을까요?

A. 아이가 쓰라는 글은 안 쓰고 딴짓을 하는 것처럼 보이니 답답하시지요? 마음만 먹으면 금방 쓸 것 같은데 왜 안 하지 이해도 안 가고, 자꾸 이야기하면 부담을 느낄 것 같아 눈치도 살피게 되고요.

아이에게 글쓰기의 어려움을 말해보라고 하면 제일 먼저 꼽는 것이 '무엇을 써야 할지 모르겠다'는 것입니다. 아이들에게 몇 줄 쓰기는 어른들에게 몇 페이지 보고서쯤 되는 것 같아요. 주제가 어렵고 생각나지 않아 한 문장 쓰기도 어려운데 길게 쓰라니요. 이런 상황에서 길게 쓰라는 말은 전혀 도움이 되지 않습니다. 머리를 쥐어짜고 싶지 않은 아이는 더욱 꼼짝도 하지 않을 것입니다. 이럴 때 도움이 될 만한 세 가지 방법을 알려드릴게요.

첫째, 아이가 길게 써보고 싶은 마음이 들 때까지 기다립니다. 빨리 쓰라고 다그치지 않습니다. 얼마나 기다려야 할지 기한을 정하기는 어려워요. 아이마다 성향이 다르니까요. 어떤 아이는 몇 번만 써도 가능하지만 몇 달 또는 더 오래 걸리는 경우도 있습니다. 글쓰기가 생각보다 어렵지 않고 재미있다고 느끼는 게 먼저입니다.

둘째, 아이에게 글쓰기 분량으로 부담을 주지 않습니다. 아이가 글쓰기를 시작하는 단계에서는 분량을 생각할 때가 아닙니다. 글을 쓰겠다는 의지가 없으니 글의 분량을 목표로 주면 부담만 느끼고 잘되지 않습니다. "글쓰기 목표는 다섯 줄이지만 생각이 나지 않거나 어렵게 느껴질 때는 한 줄만 써도 괜찮아."라고 해야 부담을 조금 덜어내고 시작할 수 있습니다.

셋째, 아이가 글쓰기 영감을 받을 수 있도록 함께 책을 읽고 이야기를 나눠주세요. 사실 아이도 글을 잘 쓰고 싶은데 생각나지 않아 힘들어한다는 걸 기억해주세요. 책을 읽고 대화를 하다 보면 아이의 생각 주머니가 채워집니다. 글쓰기를 처음 하는 단계에서는 5분 정도 소요되는 재미있는 그림책을 골라 엄마가 읽어줍니다. 엄마가 책을 읽어주는 시간을 아이들은 좋아하잖아요. 엄마와 아이가 번갈아 가면서 소리 내어 낭독해도 좋습니다.

4장

천천히 쓰는 아이들,
언제까지
기다려줘야 할까?

'만약 ~라면'
상상하게 하고 지켜보기

"네 생각을 말해봐."라는 말을 들으면 아이들은 심장이 '쿵' 내려앉습니다. 남들 앞에서 의견을 말해본 적이 거의 없으니까요. 하지만 질문을 받자마자 금방 뭔가 떠오르는 글감이 주어지면 의외로 아이들은 글쓰기에 쉽게 다가갑니다.

『공부가 되는 그리스 로마 신화』(아름다운사람들, 2011)에서 '헤라, 아테나, 아프로디테와 황금 사과' 내용을 가지고 "여러분이 파리스라면 황금 사과를 누구에게 줄 건가요?"라는 질문을 해보았습니다. 아이들은 '황금 사과'와 같은 단어를 보면 흥미를 느낍니다. 만화나 영화에서 봤던 신기한 이야기와 연결되니까요.

특히 '만약 여러분이 ○○라면…'이라고 조건을 주고 물어보면 아이들은 그 세계에 바로 빠져듭니다. 만화, 동화, 영화 속 주인공이 된 것 같은 기분이 드는 거지요. 글을 쓰기 전에 A4

지 한 장 반 정도의 소개 글을 읽어야 하는데요. 이런 주제라면 아이들은 어렵지 않게 금세 읽어냅니다.

시작하기가 어려워서 그렇지 한 번이라도 자기 생각을 표현해본 아이들은 그다음부터 글쓰기에 빠르게 다가갑니다. 서로의 생각을 나누는 즐거움이 어떤 건지 알기 때문입니다. '내가 이렇게 잘 쓰다니' 만족감을 드러내기도 합니다.

골치 아픈 일에 휘말리기 싫었던 제우스가 파리스에게 떠넘긴 황금 사과 문제를 아이들이 해결한 방법을 볼까요? '셋 다 주기 싫은데'라는 제목의 초등학교 5학년 민서의 글입니다.

> 만약 파리스라면 나는 황금 사과를 아무한테도 주지 않을 것이다. 한 명에게 황금 사과를 주면 다른 두 명의 여신이 화를 낼 것이기 때문에 차라리 주지 않는 것이 맞다고 생각한다. 그리고 헤라, 아프로디테, 아테나만 황금 사과를 가질 수 있는 것은 아니다. 왜 그 세 명만 사과를 가질 수 있는가? 또 글귀에도 '가장 아름다운 여신에게'라고 쓰여 있다. 이는 얼굴이 아닌, 마음씨가 가장 아름다운 여신이라는 말일 수도 있다. 그렇게 보면 고작 사과 하나 가지고 싸우는 저 여신들의 마음씨는 아름답지 않다고 볼 수 있다.

민서는 파리스에게 결정하기 어려운 일을 떠넘긴 제우스의 마음을 읽었습니다. 모두 가지려고 욕심을 부리는 황금 사과를 한 명에게만 준다면 분명 나머지 두 명에게 미움을 받을 게 뻔

한 일이라는 걸 알고 있습니다. 또한 신화에서 세 명의 여신에게만 사과를 준다는 전제 조건부터 의문을 제기합니다. '왜 그 세 여신만 사과를 가질 수 있을까?'라고 질문하고 신이 정한 대로 무작정 따를 것이 아니라 인간은 자기 생각대로 움직여야 한다고 주장합니다. 본문 내용을 꼼꼼하게 인용하면서 근거를 제시합니다. '가장 아름다운 여신에게'라는 의미가 무엇인지도 의문을 제기합니다. 얼굴이 아름답다는 말로 단정하는 시선을 경계합니다. "마음씨가 가장 아름다운 여신이라는 말일 수도 있다."라고 가능성을 열어놓고, 만약 그렇다면 사과를 놓고 다투는 여신들의 마음씨는 아름답지 않다고 말합니다. 민서는 자기 관점을 가지고 세상을 바라보고 판단했습니다.

다음은 초등학교 3학년 채은이의 '황금 사과는 가장 아름다운 여신에게'라는 제목의 글입니다.

제가 파리스라면 진짜로 가장 아름다운 여신에게 황금 사과를 줄 것입니다. 헤라, 아테나, 아프로디테 모두 겉모습은 아름답지만, 마음은 그다지 아름답지 않은 것 같아요. 다들 자기가 가장 아름답다고 하잖아요. 저라면 마음까지 아름다운 여신에게 황금 사과를 줄 것입니다.

헤라, 아테나, 아프로디테에게는 '헤라 님, 아테나 님, 아프로디테 님, 당신들은 외모는 아름답지만 마음의 아름다움이 부족한 것 같아요. 저는 마음까지 아름다운 여신에게 사과를 줄 생각입니다. 그러니 황금 사과를 갖고 싶다면 화만 내지 말고 조금 더 마음의 아름다움을 기르세요."라고 말할 겁니다. 그러고 나면 여신들은 서로 마음의 아름다움을 기르려고 할 테고 그중 가장 먼저 아름다움을 기른 여신에게 사과를 주겠습니다.

만일 세 사람이 모두 똑같은 조건을 갖추었을 경우 세 사람 중 한 사람에게 황금 사과를 임의로 준다고 해도 남은 두 사람의 마음이 아름다운 덕분에 그 일로 화를 내지 않을 테니 전쟁은 절대 일어나지 않을 겁니다. 그러니까 저는 외모도 아름답지만 마음이 진정 아름다운 여신에게 황금 사과를 줄 것입니다.

채은이는 한술 더 떠서 세 명의 여신에게 아름다움을 길러서 다시 오라고 신처럼 명령합니다. 그들이 겉모습만 아름답다고 꾸짖습니다. 공평하게 기회를 주는데요. 선착순이라는 기준과 동시에 조건을 만족했을 경우로 나누어서 설명했습니다. 두 방법 모두 현명한 결말로 연결됩니다. 아름다움을 먼저 길러왔다면 다른 두 여신은 할 말이 없을 테고, 똑같이 마음을 아름답게 만들어왔다면 이미 그 황금 사과는 의미를 잃어버렸을 테니까요.

'만약 여러분이 ○○라면…'이라고 묻고 시간을 준다면 천천히 쓰는 아이들이라도 자신 있게 표현합니다. 이때 아이들에게 빨리 쓰라는 재촉 대신 흥미로운 질문을 준비해보세요. 아이들의 생각을 끌어내는 역할을 할 것입니다.

두 글자만 써도
오늘 글쓰기 통과

어린이 글쓰기 카페에는 매일 다섯 줄 이상 쓰기라는 규칙이 있습니다. 수년 동안 진행해온 독서토론 후 이어지는 독후활동 시간에서도 아이들에게 알려주는 분량입니다.

다섯 줄이나요? 더 짧게 쓰면 안 되나요?

깜짝 놀라 물어보는 아이도 나옵니다. 이럴 때 아이들의 부담을 줄여주기 위해 여러 가지 방법을 안내합니다. 한번 노력해보고 어려우면 한두 줄만 써도 괜찮고, 쓰지 못하겠으면 그림으로 그려도 괜찮다고요.

아이들은 오프라인보다 온라인에서 더 자유롭게 글쓰기를 대합니다. 어떻게 썼는지 옆에서 지켜보는 사람이 없다고 생각해서인가 봅니다. 예를 들어 '친구를 도와주었던 일'이 글감으로 나갔을 때, 딱히 경험이 떠오르지 않았던지 한 아이는 주제를 그대로 옮겨 적은 후 '없다'라고 두 글자만 쓰기도 했습니다. 그런 글도 다시 쓰라고 하지 않습니다. 질문을 똑같이 옮겨적고 단 두 개의 글자만 보탰어도 글쓰기를 한 것으로 인정해주었습니다. 아이가 글감을 읽고 생각해보는 시간을 가졌고, 단 두 글자라도 글을 쓰는 의지를 보여주었으니까요.

이 정도까지는 아니더라도 글쓰기 다섯 줄 분량도 부담스럽게 느끼는 아이들이 있습니다. 이 아이들은 나름대로 해결할 방법을 찾지요. 글자를 큼직하게 써서 줄을 채우거나, 중간에 줄 바꿈을 해서 맞추거나, 글 제목이나 자기 이름을 쓴 줄까지 합쳐서 다섯 줄을 채워도 되냐고 묻기도 합니다.

이때 아이들에게 분량을 강요하지 않으면 아이는 부담을 내려놓고 글쓰기를 시작할 여유를 가집니다. 그리고 어느 순간 글쓰기 시간을 즐기는 순간이 찾아옵니다. 빠르게 성장해 나가는 아이들이 있는가 하면 천천히 가는 아이도 있습니다.

초등학교 5학년 현우는 다섯 줄 이상 써야 한다는 규칙을 지키기 어려워했습니다. 처음부터 줄 바꿈이라는 해결법을 알아냈습니다. 세 단어나 네 단어를 쓴 후 다음 줄로 넘겨 다섯 줄 이상 쓰기라는 규칙을 따라갔습니다. 두 줄 분량의 글이 다섯 줄이나 일곱 줄의 글로 바뀌는 거죠. 니시야 아리에의 『마음을 파는 가게』(개암나무, 2012)를 소개하고 '팔고 싶은 마음과 사고 싶은 마음'을 글감을 낸 날의 현우 글입니다.

> 내가 팔고 싶은 마음은
> 슬픈 마음이다.
> 왜냐하면 슬프면
> 아무것도 못하기 때문이다.
> 내가 사고 싶은 마음은
> 급한 마음이다.
> 왜냐하면 빨리
> 어떤 것을 끝내고 놀고 싶기
> 때문이다.

현우에게 어떤 슬픔이 있었던 걸까요? 깊은 슬픔을 경험한 사람이라면 현우가 말한 '아무것도 못한다'는 문장이 무엇을 의미하는지 알아볼 것입니다. 짧지만 매일 글 쓰는 습관을 통해 현우는 자신의 내면을 관찰하고 글을 쓴 것입니다.

현우 엄마는 매일 두 줄 정도만 쓰는 현우에게 좀 더 잘 썼으면 하는 바람을 나타내지 않고 그저 지켜봤습니다. 아이들의 글쓰기 힘은 매달린 머루 무게 때문에 곧 끊어질 듯한 나뭇가지와 같습니다. 부모가 실망하는 모습을 보이면 아이의 글쓰기 끈은 끊어질 수도 있습니다. 언제까지 기다려야 하는지 알 수 없기에 답답하고 불안하겠지만 조바심 내지 않고 기다려줄 수

있어야 합니다. 현우는 기다려준 엄마 덕분에 어느새 자신감이 생겼나 봅니다. 글쓰기 실력이 늘었을 뿐만 아니라 매일 빠트리지 않고 글을 썼다는 사실에 자부심을 드러냈거든요. 이제는 글쓰기 분량을 늘리는 줄 바꿈 비법에 의존하지 않고도 다섯 줄 쓰기를 이어갔습니다. 하지만 이제 됐다고 안심할 수는 없었어요. 글쓰기 슬럼프가 찾아와 전처럼 짧게 쓰다가 글쓰기를 하지 않는 날이 이어졌습니다.

저와 현우 엄마는 현우가 예전에 썼던 글과 감동받았던 순간을 이야기하며 서로를 응원하기 시작했습니다. 그러던 중 현우가 글쓰기를 쉬고 싶어 한다고 엄마가 알려왔습니다. 저는 현우의 글을 다시 꺼내 읽고 아이에게 편지를 보냈죠. 지금까지 현우가 얼마나 잘해왔는지 칭찬하고 나중에 언제라도 글쓰기가 하고 싶어지면 와달라고는 했는데요. 다행히 현우는 며칠 뒤 다시 시작했습니다. 예전처럼 두 줄 쓰기였고 주제 글쓰기를 어려워해 매번 자유 주제를 골랐지만요.

그러던 어느 날 변화가 찾아왔습니다. 현우가 글감으로 낸 주제로 자기 생각을 적기 시작한 거예요. 처음 있는 일이었습니다. 글쓰기 분량도 늘어났습니다. 일곱 줄이었습니다. 두 줄 쓰기만 몇 달 동안 하던 아이가 '진짜 일곱 줄'을 썼습니다. 좋아하는 책 줄거리와 추천 이유를 쓰는 주제였는데, 『아기 돼지 삼형제』를 골라 돼지가 어떤 집을 지었고 무슨 일이 일어났는지를 설명한 후 "어떤 집을 지을 것인가는 자기한테 달려 있다."는 문장으로 마무리했습니다. 현우도 그동안 글쓰기 집을 짓는 중이었나 봅니다. 현우는 돼지들이 집 짓는 모습을 보면서 각자 선택이 다르다고 했습니다. 작품에서 첫째 돼지는 가벼운 볏짚으로 초가집을, 둘째 돼지는 단단한 나무에 못을 박아 나무집을, 셋째 돼지는 무거운 벽돌을 쌓아 벽돌집을 만들잖아요. 현우는 집을 지어야 할 때 어떤 재료를 고를지 결정하는 사람은 자기 자신이라고 강조했습니다. 글쓰기를 통해서 '중요한 사실'을 알아낸 현우는 '자기 결정'을 하면서 내면을 단단하게 만들었으므로 바람이 불어도 날아가지 않을 거예요.

내가 생각할 동안
기다려줘

몇 분 만에 글을 뚝딱 쓰는 친구도 있고, 무엇을 쓸까 한참 고민하다가 시작하는 아이도 있습니다. 글감이 떠오르지 않는다며 글쓰기 카페에 올라온 친구 글을 하나씩 읽으며 하염없이 시간을 보내는 친구도 나옵니다. 그런 아이는 숙제할 때도 마찬가지입니다. 엄마가 보기엔 금방 할 수 있는 숙제인데 오래 걸립니다. 아이는 숙제를 하면서 앉아 있는 시간 전체를 공부 시간으로 계산하지만 엄마는 실질적으로 소요된 만큼만 쳐줍니다. 아이는 자기 노력을 알아주지 않는 엄마에게 억울한 마음을 느낍니다. 생각할 시간이 꼭 필요했거든요.

어린이 글쓰기에 참여한 학생들을 대상으로 줌(zoom) 낭독대회를 열었을 때입니다. 아이들에게 30일 동안 쓴 글 중에서 가장 마음에 드는 글을 골라 그 이유를 써서 가져오게 했습니다. 그러자 윤우는 자기 글 중 어떤 글을 선택해 글을 쓸지 고민하기 시작합니다. 윤우가 글을 고른 방법은 이렇습니다.

1단계, 썼던 글을 하나씩 찾아서 천천히 읽어본다.
2단계, 자기 글 중 어떤 글이 더 좋은지 비교하면서 다시 읽는다.
3단계, 다른 친구들은 어떤 글을 골랐나 살펴본다.

엄마에게 들으니 윤우는 이날 글을 쓰기 위해서 며칠 동안 카페 창을 열어놓고 있었다고 합니다. 이런 며칠 간의 노력에 비해 윤우가 제출한 글은 간소(?)합니다. 전에 썼던 글을 복사하고 그 아래 딱 다섯 줄만 보냈거든요. 다음은 윤우가 며칠 동안 노력한 결과물입니다.

나는 내가 쓴 글 중 『설민석의 삼국지』를 읽고 쓴 추천 글이 가장 마음에 든다. 먼저 내가 좋아하는 인물의 특성을 잘 설명했다. 읽어보지 않은 내 반 친구가 『설민석의 삼국지』를 읽어보게 됐다고 해서 적어도 한 사람에게는 설득력이 있다 생각하여 이 글을 골랐다. 7기에는 글을 많이 쓰지 못해서 8기에는 빠지지 않고 쓸 수 있도록 해야겠다. 앞으로도 열심히 글쓰기를 해야겠다!

윤우는 제가 운영하는 어린이 독서토론도 같이했는데요. 윤우 엄마는 아이를 기다리다 지칠 때면 답답한 마음을 제게 알려왔습니다. 기쁜 소식이 있을 때도 연락을 주었습니다. 기분 전환을 위해 아이에게 놀러 가자고 꼬셨는데, 독서토론을 가야 해서 안 된다고 했다는 거예요. 그러면서 엄마는 "토론과 글쓰기를 좋아하면서 글쓰기를 자꾸 빼먹는 심리는 무엇일까요?"라고 물었습니다.

매일 글쓰기를 하겠다고 다짐하지만 천천히 쓰는 아이들은 시동을 거는 데 시간이 걸립니다. 윤우는 글을 다 올리지 못합니다. 아이는 여유만만한 모습이고 엄마의 속은 타들어가는 듯합니다. 윤우는 올린 글의 갯수는 적지만 읽고 싶게끔 재미있게 씁니다. 윤우는 '저세상에서 날 데리러 오거든, 집 안 나가는 게 좋을걸'과 같은 제목으로 글을 쓰는데요. 궁금해지지 않나요?

윤우는 '감동적인 엄마의 거짓말 스킬들'을 쓴 글에서 '거짓말 도사' 엄마의 꼬임에 넘어가 주사를 맞고 배신감을 느꼈던 일을 소개했습니다. '엄마의 비밀'에서는 어릴 때 찍은 사진을 보여주지 않으려는 엄마의 마음을 글로 썼습니다. 화들짝 놀라 사진첩을 숨기는 엄마의 모습을 보고 '촉'이 와서 몰래 꺼내 보았더니 '중학교 때 엄마는 통통하고 못생긴 여중생'이었다며 의기양양해합니다. 윤우의 글에는 엄마가 자주 등장합니다. 그만큼 관심이 많고 엄마와 이야기를 나누고 싶다는 신호겠지요.

엄마는 책상에 차분하게 앉아서 글을 쓰는 모습을 바라겠지만, 천천히 쓰는 아이들은 시간이 더 필요합니다. 이때 엄마가 채근하면 서로 힘들어지고 사이만 나빠집니다.

"숙성하는 걸까요? 제가 맨날 글쓰는 윤우에게 출산하냐고 그러거든요."

윤우 엄마 말이 맞습니다. 오랜 시간을 들여 윤우는 다음과 같은 『삼국지』 추천 글을 출산했네요.

옛말에 『삼국지』를 세 번 이상 읽지 않은 사람과는 대화하지 말라고 했다. 그만큼 『삼국지』는 지혜가 담겨 있는 중요한 책이라는 뜻이다. 작년 여름 방학에 설민석 선생님의 책을 사고 강의 티켓을 얻어 강의를 들었는데 너무 두꺼워서 살펴볼 엄두가 나지 않았다. 하지만 모든 일에는 때가 있는 법. 『삼국지』를 읽다 보니 너무 재미있는 게 아닌가. 처음에는 1권만 420쪽에 달해서 한숨이 절로 나왔다. 하지만 인물들 각각의 특색이 잘 살아 있고, 웃고 울고 통쾌하게 만드는 장면들이 많아 만화책보다 훨씬 재미있었다. 책을 읽다 보니 문장 하나하나가 설민석 선생님의 말투를 연상시켜 선생님이 옆에서 직접 얘기를 해주시는 것 같았다.

본래 『삼국지』에서는 유비와 조조가 가장 유명하지만, 나는 관우가 정말 멋있는 사람이라고 생각한다. 관우의 훌륭함을 알아보고 조조가 자기편으로 만들려고 회유했는데도 관우가 흔들리지 않고 유비 형님에게로 돌아가는 의리에 감동했다. 나도 누군가에게 의리 있는 친구가 되어 깊은 우정을 나누고 싶다는 생

각이 들었다.

　수많은 캐릭터 중에서 가장 인상 깊었던 인물은 장비다. 장비는 유비 삼 형제의 막내다. 엄청난 덩치와 힘으로 전장에서는 순식간에 적장의 목을 베는 훌륭한 장수이지만 유비의 말 한마디에 '깨갱!' 하는 귀여운 동생이기도 하다. 순하디순한 유비에게 "아아아! 형님, 좀 놓고 얘기하시오. 알았소. 내 잘못했소!" 하고 혼나는 장면에서는 나도 모르게 웃음이 나왔다. 가끔은 나도 장비같이 귀여운 동생이 있으면 좋을 것 같아서 부모님께 살짝 부탁드렸더니 엄마는 "아드님, 불가하오!"라고 단호하게 말씀하셨다. 『삼국지』를 다 읽어도 세상이 다 내 뜻대로 되는 건 아닌 것 같다.

『삼국지』를 읽은 사람도 다시 보고 싶게 하는 글 아닌가요? 윤우는 첫 문장에서 인용으로 『삼국지』에 대한 관심을 이끕니다. 『삼국지』를 읽어야 할 이유를 알려주는데요. 옛말을 능청스럽게 끌고 와서 자기가 한 말처럼 풀어놓았습니다. 『삼국지』를 어떻게 읽게 되었는지 계기와 책 분량이 어느 정도 되는지 글을 흥미롭게 소개하며 유익한 정보를 전달합니다.

　아이가 원하는 만큼 시간을 주세요. 아무것도 안 하는 것 같아도 아이는 끙끙거리며 안간힘을 쓰고 있습니다. 그러다 보면 분명 멋진 글을 쓰는 날도 찾아옵니다. 그리고 그때 아이는 한 단계 성장합니다. 딴짓하는 것처럼 보인다면 아이디어가 잘 안

떠올라 그러는 것일 수 있으므로 아이와 대화를 나눠보세요. 주제에 대해 다른 사람과 대화하면 쓸거리가 자연스럽게 떠오르기도 하니까요. 윤우도 엄마와 이야기를 나누다 보면 무엇을 써야 할지 생각난다고 좋아했어요. 부모님은 그렇게 아이를 도와줄 수 있습니다. 단 아이디어는 아이 머리에서 나와야 합니다. 글쓰기를 빨리 끝내고 아이가 다른 공부를 했으면 좋겠다며 부모가 대신 글을 써주듯 도와주면 안 됩니다.

이노우에 타케히코의 만화책 『슬램덩크』(대원씨아이, 2018)에서 주인공 강백호는 "왼손은 거들 뿐"이라고 말합니다. 부모는 거들 뿐, 공을 넣는 건 아이에게 전적으로 맡깁시다. 부모가 공을 대신 넣어주면 아이가 생각하고 아이디어를 만들 기회를 없애는 셈이 됩니다.

한 줄에서
열 줄 쓰기로
가는 길

글쓰기에 적응해가는 과정은 아이마다 다릅니다. 그러므로 섣불리 단정하지 말아야 합니다. 0일차 자기소개 글에서 자신을 '서울산 사투리 요정'이라고 소개한 정윤이는 새벽에 자고 오후에 일어나는 올빼미 체질에 방 치우기를 싫어한다고 썼습니다. 그리고 주변 사람들이 자신을 꽤 당찬 아이로 생각한다는 말도 들려주었습니다. 열다섯 줄 정도의 분량이었습니다. 그런데 다음 날부터 정윤이는 계속 한 줄 쓰기만 합니다. 글쓰기 주제와 함께 책을 읽지 않아도 내용을 파악할 수 있게 보내는 2페이지 정도의 리드 글은 다 읽습니다. 다만 이를 파악하고 그에 대한 자기 생각을 한 줄 또는 두 줄로만 올립니다.

요시타케 신스케의 『이게 정말 마음일까?』(주니어김영사, 2020)라는 책을 소개한 날이었습니다. 글감 주제는 '여러분에게 싫은 마음이 생길 때 어떤 상자를 사용해보고 싶은가요?'였습니다.

정윤이는 "슬픔 상자를 갖고 싶다. 왜냐하면 슬플 때는 확실히 슬퍼하는 게 해결책이라고 생각하기 때문이다."라고 썼습니다. 책의 핵심 메시지와 글쓰기 주제를 정확히 이해하고 쓴 글입니다. 저는 정윤이에게 글쓰기 분량을 늘리면 좋겠다는 안내를 하지 않습니다. 정윤이가 쓴 한 줄에 공감하는 내용으로 말을 이어갔지요. 11일째 되는 날이었습니다. 정윤이는 반 페이지 정도의 글을 쓰더니 다음 날부터 다시 한 줄이나 두 줄 쓰기를 꾸준히 했습니다.

글쓰기 프로그램 진행자는 아이의 마음을 움직이려고 하지 않고, 스스로 다가오도록 자리를 지키는 역할을 맡습니다. '이렇게 해보면 어떨까'라며 조급하게 안내하지 않습니다. 목이 말라야 직접 우물가에 가서 물을 떠 마시듯 글쓰기도 자기에게 필요하다는 걸 알 수 있도록 시간을 줍니다. 한 기수가 끝나갈 무렵 정윤이는 '○○에게 주는 상장으로 시를 써보세요."라는 글감에서 「나에게 주는 상장」이라는 제목으로 시를 썼습니다.

나에게 주는 상장

선정윤

한별이가 자기는 상장 많다고 자랑을 하니
난 왠지 자존심이 상했다.
무심코 나도 상장이 많다고 해버렸다.
어떡하지.

> (…)
>
> 아! 좋은 생각이 났다!
>
> 동네 아저씨한테 인사했으니 상장 하나.
> 아빠 구두 닦았으니 상장 둘.
> 엄마 대신 설거지 했으니 상장 셋.
> 난 이제 상장 진짜 많다!

정윤이는 칭찬에 목마른 아이입니다. 상장을 여러 개 받은 친구를 부러워하다가 자존심이 상한 자기 모습을 봅니다. 있지도 않은 상장이 많다고 말하고 나선 후회하는 마음도 솔직하게 드러냈습니다. 걱정스러운 이 상황을 어떻게 해결할 수 있을까 고민하는 사이 아이디어를 떠올립니다. 점을 세 개 찍은 행으로 고민하는 시간을 표현했습니다. "아! 좋은 생각이 났다!"에서 느낌표를 찍으며 안도하는 마음도 강조합니다. 상장을 만들기 위해 정윤이는 부지런히 노력했네요. 이웃 아저씨나 가족에게 친절하게 대하고 착한 일을 하면서 상장을 모았습니다. 상장 하나, 상장 둘, 상장 셋, 상장이 늘어난 기쁨을 표현합니다. 이 시를 읽는 이도 정윤이의 감정 결에 쉽게 따라가게 됩니다. 정윤이에게 필요한 마음 처방전은 '칭찬하기'였나 봅니다.

드디어 어린이 글쓰기 마지막 날, 열심히 한 자신에게 응원의 편지를 보내는 날입니다. 정윤이는 "만약 또 글쓰기 프로그램에 참여하게 된다면 글을 좀 길게 써보자. 그때 식물에 대해 쓸 때는 열정적이었잖아.”라고 썼습니다. 아이는 중간에 한 번 열심히 썼던 날을 기억하고 있었습니다.

다음 기수 오픈 날, 정윤이의 이름을 발견했습니다. 이번에 는 어땠을까요? 0일 차 자기소개하는 날 정윤이는 전처럼 두 줄을 썼습니다.

“지난 기수에서도 글쓰기를 했고 한 학년이 올라갔으며 키 가 크고 잠이 많다.”

어쩌다가 네 줄 쓰기를 한 날이 하루 있었지만 여전히 정윤 이는 한 줄과 두 줄 사이에서 줄타기를 합니다. 이번에도 자유 주제가 아닌 글감 주제만 골라 글을 올리네요.

‘열 고개 퀴즈를 만들어주세요’라는 글감 주제가 나온 날, 정 윤이는 “귀에 거는 건 맞는데 귀걸이는 아닌 것은? 질문해주 시면 열 고개로 답변 쓰겠습니다.”라는 글을 올렸습니다. 정윤 이는 다른 친구의 글에 댓글을 달지 않는 아이라 친구들이 질 문하지 않을 가능성이 컸습니다. 정윤이의 열 고개 퀴즈를 보 고 싶은 마음에 “어린이 친구들 댓글을 기대하고 있어요.”라고 남겨보았습니다. 내가 그 댓글을 쓰고 4분 뒤 정윤이는 댓글로 열 고개 퀴즈를 올렸습니다. 이미 다 준비해놓았던 거죠.

귀에 거는 건 맞지만 귀는 뚫지 않는다.
단 오래 차면 귀가 조금 아프다.

모양은 귀걸이와 비슷하다.

주로 내가 차는 건 별 모양이다.

쉽게 망가진다.

개인적으로 그닥 좋아하진 않는다.

귀걸이 대용으로 쓰기 괜찮다.

귀 뚫기 싫으면 나쁘진 않다.

문구점에서 2천 원 정도에 판다.

가성비가 그닥 좋은 편은 아니다.

정윤이는 아직 글쓰기에 마음을 다 열진 않았지만 누군가 자기 글에 반응하기를 기다리고 있었나 봅니다. 누가 댓글을 올릴까 기대하는 동안 귀걸이를 꼼꼼히 관찰한 게 글에서 보입니다. 귀에 찼을 때의 느낌, 모양, 선호도, 가격, 용도, 성능 등 좋은 점과 아쉬운 점을 종합적으로 알려줍니다. 관심 있는 사람들에게 실질적으로 도움이 되는 상품 리뷰입니다.

중요한 것은 '글의 분량은 적당한가', '글쓰기 실력은 좋은가', '맞춤법에 맞게 썼는가'가 아닙니다. 아이가 '글쓰기를 하고 싶은가'입니다. 부모님이나 글쓰기 강사가 눈여겨보아야 할 부분입니다.

글쓰기와 독서 연결법

How to 글쓰기를 해본 적이 없는 아이의 독서 지도

글쓰기 경험이 없다면 아이들은 하얀 도화지와 같은 상태입니다. 글쓰기에 대한 부정적인 느낌이 없으니 책을 통해서 좋은 자극을 받을 수 있습니다. 아이들은 상상하는 글쓰기를 좋아하고 잘합니다. 『폭풍우 치는 밤에』를 읽어주면 아이들은 뒷이야기를 궁금해합니다. 깊은 밤 비바람을 피해 오두막에서 만나 이야기를 나눈 늑대와 염소가 다음 날 어떻게 될지 알고 싶어 합니다. "이 둘이 다시 만나면 친구가 될 수 있을까."라고 물어보면 각자 원하는 이야기를 쉽게 만들어냅니다.

『백설공주』, 『미녀와 야수』, 『헨젤과 그레텔』과 같은 고전도 좋습니다. 재미있으면서도 줄거리와 결말을 바꾸면서 새롭게 만들 수 있으니까요. 한 번이라도 직접 이야기를 지어본 아이는 글쓰기를 재미있는 활동으로 받아들입니다. 권윤덕의 『생각만 해도 깜짝벌레는 정말 잘 놀라』와 같이 의성어와 의태어가 많이 들어간 작품도 읽었으면 합니다. 시인이 쓴 그림책이나 동시집은 재미난 낱말들과 운율에 대해 배울 수 있거든요. 김개미 시인의 그림책 『나랑 똑같은 아이』와 동시집 『어이없는 놈』도 추천합니다.

How to 글쓰기가 싫다는 아이의 독서 지도

"전 글쓰기가 싫어요."라고 말하는 아이는 국어 시간에 창피를 당했거나 아주 힘들게 글쓰기를 해본 적이 있을 겁니다. 이런 경우 억눌렸던 감정을 풀어주는 책 처방전이 필요합니다. 싫다는 말을 자유롭게 해도 된

130

다는 걸 배울 수 있도록이요.

로알드 달의 『마틸다』에는 어른에게 상처받은 한 소녀가 나옵니다. 어른에게 한 방 날리는 마틸다를 통해 아이들은 감정이입하고 자기 목소리를 내는 힘을 기를 수 있습니다. 슬퍼하며 자기만의 세계에 빠져 있다가 용기를 내서 자기 생각을 밝히고 속마음을 털어놓는 쥘 르나르의 『홍당무』도 좋습니다. 감정을 표현하는 법을 익힐 수 있는 독서는 글쓰기를 시작하게 도와주니까요. 감추고 싶은 사건을 비밀 일기장에 쓰다가 진심을 표현하는 법을 알게 된 민호의 이야기 『빨강 연필』도 읽어볼까요. 자기도 모르는 사이에 마음속에서 글쓰기 본능이 깨어날 거예요.

How to 글쓰기에 재미를 느끼는 아이의 독서 지도

글쓰기의 즐거움을 느낀 아이들은 책을 읽고 싶은 욕구도 커집니다. 책에서 또래 아이를 만나면서 세상을 자기만의 시선으로 보는 연습을 하고, 생각을 정리하고, 글쓰기에 관심을 갖게 됩니다.

내가 주인공 입장이라면 어떻게 했을까 상상하는 책으로는 『빨강머리 앤』을, 자신의 모습이나 감정을 보게 하는 책으로는 『천사를 미워해도 되나요?』를 추천합니다.

질문을 많이 찾을 수 있는 작품으로는 『어린 왕자』, 『허클베리핀의 모험』, 『걸리버 여행기』, 『셰익스피어 이야기』와 같은 고전이 좋습니다. 한편 『세계를 건너 너에게 갈게』는 다른 시간을 살아가는 '유주'라는 똑같은 이름의 두 아이가 서로 편지를 주고받으면서 진행되는 이야기인데요. 주인공이 글을 쓰면서 전개되는 구성은 글쓰기의 매력과 힘을 보여주면서 '나도 이렇게 쓰고 싶다'고 생각하게 합니다.

책 읽기 먼저? 글쓰기 먼저?

Q 무엇을 써야 할지 모르겠고 아무 생각도 안 난다며 글쓰기를 안 하려고 합니다. 글쓰기는 나중에 하고 책을 먼저 읽어야 할까요? 독서를 하면서 생각하는 힘을 기르고 난 뒤에 글쓰기를 시작해야 할까요?

A 작가들은 글쓰기를 잘하려면 책을 많이 읽어야 한다고 말합니다. 독서를 통해 간접경험을 할 수 있고 생각의 폭이 넓어지니 맞는 말입니다. 하지만 책 읽기를 꼭 먼저 해야 하는 건 아닙니다. 책을 좋아하는 아이가 글쓰기를 어려워하는 경우도 많습니다. 초등학생뿐만 아니라 고등학생도, 성인도 마찬가지입니다. 책을 읽으면서 '이건 왜 그럴까' 의문을 갖지 않고 내용을 그대로 받아들이는 데 익숙할 뿐만 아니라 '나라면 어떻게 했을까'와 같이 입장을 바꿔서 생각해보지 않고 수동적으로만 받아들여서 그렇습니다. 또 자기 의견을 말하거나 글로 써보는 연습을 해본 적이 없기 때문입니다.

아이들은 생각하면서 책을 읽는다는 게 무슨 말인지 잘 몰라요. 그러다가 갑자기 교실에서 글쓰기를 시작하게 되니 큰 벽처럼 느껴지는 것입니다. 써보기도 전에 글쓰기의 즐거움을 경험해볼 기회가 사라지는 거죠.

글쓰기 별거 아니고 해보니까 재미있다는 걸 일찍 경험하게 하면 좋겠습니다. 책 읽기보다 글쓰기를 먼저 하도록 아이를 이끌어주면 어떨까요? 아이가 글쓰기를 즐기면 책 읽기는 자동으로 따라옵니다. 어릴 때 아이들을 보면 처음엔 짧은 단어로 의사 표현을 하다가 점차

긴 문장을 만들어가면서 말을 배우잖아요. 글쓰기도 마찬가지입니다. 두 단어에서 세 단어로, 또 한 문장으로 늘려갈 수 있습니다.

또 독후감처럼 아이들이 부담스러워하는 글쓰기 말고도 다른 길을 통해서도 가까이 갈 수 있어요. 겪었던 일을 이야기하고, 자기감정을 표현하면서 연습하는 방법입니다. 예를 들어 아이들이 엄마 아빠와 나누었던 대화나 동생, 언니, 형과 있었던 일을 글로 옮겨보는 거예요. 엄마, 아빠, 나, 동생, 언니, 형으로 줄을 바꾸어 구분하고 큰따옴표를 열어 각각 했던 말을 적으면 상황극 글쓰기가 됩니다. 거기에 기뻤거나 속상했던 마음이나 이렇게 되면 좋겠다고 바라는 마음을 추가하면 감정을 표현하는 글쓰기가 됩니다. 장면을 묘사하고, 솔직한 마음을 글로 적는 연습을 하다 보면 글을 어떻게 구성해야 하는지는 자연스럽게 알게 됩니다. 글쓰기란 말을 글로 옮기기만 하면 된다는 걸 경험하니까요. '내게 오늘 무슨 일이 있었지?' '그때 기분은 어땠지?' '왜 그랬을까?' 이렇게 원인을 찾아보는 겁니다. 감정이 변할 때는 언제나 이유가 있거든요. 생각만 해서는 잘 몰라요. 글로 적으면서 마음을 알게 됩니다.

책 읽기는 좋아하는데 글쓰기는 별로라고 말하는 아이는 봤지만, 글쓰기를 잘하는데 책 읽기를 싫어한다고 이야기하는 아이는 한 번도 만나보지 못했습니다. 글쓰기를 일찍 시작하면 아이는 자동으로 책 세상으로 들어가게 되어 있습니다. 일단 글쓰기를 좋아하게 되면 책을 읽게 되어 있으니 서두르지 않아도 괜찮습니다. 글을 쓰면서 책을 읽는 아이가 될 테니까요. 독서보다 글쓰기를 먼저 시작하게 해주세요.

5장

소심한 아이들,
자신감을 채우며
유연해진다

글쓰기,
자기 자신을 알아가는
지름길

자기에게 특별한 재능이나 뛰어난 면이 없다고 여기는 아이들이 있습니다. 그럴 때면 늘 다른 친구들과 자신을 비교합니다. 나보다 뭔가 잘하는 아이를 보면 아이는 움츠러듭니다.

저는 아이들이 글쓰기를 시작하면 자신만의 매력을 찾아낸다고 믿습니다. 자유롭게 생각과 경험을 표현하는 글쓰기를 하면 내면의 '나'와 대화를 하게 되니까요.

저는 수년 동안 초등학교 5~6학년를 대상으로 어린이 독서토론을 진행하고 있는데요. 1강에서는 서로를 알아갈 시간을 주기 위해 자기소개 시간을 넣습니다. 참여 계기와 좋아하는 책 제목과 그 이유를 말해달라고 안내합니다.

자기소개를 하는 어느 날, 아이들에게 성격을 표현하는 형용사를 자기 이름 앞에 붙여보게 했습니다. "저는 용감한 오수민입니다." 이렇게요. 이때 어떤 형용사를 고를지 몰라 당황할 수 있으므로 '평범한, 성실한, 활달한, 씩씩한'과 같은 형용사 몇 개도 말해주었습니다. 토론할 때 자신의 성격을 보여주는 형용사를 붙이게 하는 시도를 여러 번 하다가 아이들에게 어떤 성향이 있다는 걸 발견했습니다. 토론 또는 글쓰기를 해본 경험이 거의 없는 아이들은 자신을 표현하기 어려워했습니다. 그런 경우 자신을 나타내는 형용사로 '평범한'을 제일 많이 골랐습니다. 토론해본 아이가 몇 명밖에 없는 그룹에서는 전체 아이 중 50퍼센트가 '평범한 ○○○'이라고 자기소개를 한 적도 있었습니다. 이에 비해 토론을 1년 반 넘게 한 아이들 그룹은 달랐습니다. '활발한, 똥꼬발랄한, 씩씩한'과 같은 형용사가 등장했습니다. 아이들의 표정도 확연히 달랐습니다. 한쪽은 조용하고 다른 쪽은 통통 튀었습니다. 처음에는 자기 의견을 말하기 어려워하는 아이였더라도 토론에 계속 참여하면 성격이 바뀌는 게 아닐까 싶었습니다.

어린이 글쓰기 프로그램에서는 어땠는지 볼까요? 참여 학생 중 원하는 아이들을 대상으로 온라인 글쓰기 낭독모임을 열었습니다. 이때도 자신을 소개하면서 아이들이 자기 성격을 표현하는 형용사를 이름에 붙이도록 했습니다.

"똑똑한, 유쾌한, 상상력 있는, 성실한, 책을 좋아하는, 엉뚱한, 신체 활동을 좋아하는, 친절한, 활달한, 재미있는, 열정적인, 유치한, 행복한, 착한, 활발한, 밝은, 글쓰기를 좋아하는, 평범한, 흥이 많은, 시원한, 아담한"이 나왔습니다. 토론하는 아이들에게 한 번도 나오지 않았던 형용사들이 쏟아져 나왔습니다. '평범한'이란 형용사를 고른 친구는 한두 명에 불과했습니다. 아이들이 얼마나 자기를 표현할 기회를 가졌느냐에 따라 스스로를 보는 눈이 달랐습니다.

매일 글쓰기를 통해서 자기를 알아가는 아이들은 한자리에 머물러 있지 않습니다. 새로운 모습을 발견하고 나날이 성장해 나갑니다. 첫날 자기소개를 하면서 평범하다고 말했던 아이들도 기수가 올라가면 그런 이야기가 쏙 빠집니다. 아이들은 자발적으로 마음을 표현할 수 있는 공간인 '글쓰기 방'을 만듭니다. 아이들은 그곳에서 다리를 뻗고 편히 지냅니다. 소심함은 다양하고 개성 넘치는 모습으로 변화됩니다. 원래 없었던 모습이 새로 생긴 게 아닙니다. 수면 아래 깊이 가라앉아 있던 아이의 다른 모습이 글쓰기를 통해 드러난 것입니다.

자기를 소개하고 생각을 묻는 질문에 의견을 말하면서 아이들은 스스로에 대해 조금씩 더 알아갔습니다. 소심하다고 생각했던 성격이 사실은 신중함이었음을 깨닫습니다. 친구들이 내 글을 어떻게 볼까, 시선을 신경 쓰면서 자기가 올린 글을 여러 번 읽고 고쳐보는 아이도 나옵니다. 전에 썼던 글을 꺼내어 비교해보기도 합니다. 자기 글을 이렇게 자주 들여다보며 생각하는데 어떻게 좋아지지 않을 수 있나요. 조금씩이라도 달라지고 온라인 공간이니까 따로 모아두지 않아도 아이들의 글이 계속 쌓입니다. 한 달 전, 두 달 전, 1년 전의 글과 현재의 글을 비교

할 수 있습니다. 남과 비교하면 경쟁이지만, 예전과 현재의 나를 비교하면 자부심이 찾아옵니다. 전보다 잘하게 된 '나'를 자랑스럽게 생각하면서요. 글쓰기를 계속 하다 보면 단점으로 생각했던 자신의 소심함이 사실은 섬세함이었고, 관찰을 잘하며, 다른 사람 말을 경청하는 능력이었다는 사실을 깨닫습니다.

이런 기록을 1년, 3년, 10년 이렇게 이어간다면 어떤 일이 벌어질까요? 한 아이는 자신의 글을 모아 책으로 만들고 이를 죽기 전에 후손에게 물려주겠다는 계획을 세웠습니다. 아이들은 자기 역사를 꾸준히 기록해나가는 중입니다.

내가 가진 재능은
끈기와 노력

한 공간에 모여 쓰면 좋은 점이 많습니다. 숙제하느라 바빠서 글쓰기를 놓쳤어도 친구들이 있으면 '나도 써야지' 하는 마음이 드니까요. 친구의 글이 올라왔다고 알려주는 알람을 보면 쓰고 싶어집니다. 한편 부담스러운 면도 있습니다. 다른 아이 글에 댓글이 많이 달리면 부러워지고 내 글에 반응이 없으면 속상해지니까요. 이때 안간힘을 쓰는 친구가 있는가 하면 무심한 아이도 있습니다.

5학년 효은이는 후자입니다. 친구들에게 잘 보이려 일부러 애쓰지 않거든요. 글쓰기가 힘들고 귀찮을 때도 있지만 생각이 커지고 상상력이 풍부해졌다는 소감, 프로그램 기수를 마칠 때마다 엄마가 선물을 줘서 좋다는 이야기 등을 간단히 남겼습니다. 효은이의 글쓰기 실력은 조금씩 늘었습니다. 많이 쓰려고 하지 않고 자기 마음이 흘러가는 대로 편히 왔다 갔다 했지만 단 하루도 빠지지 않고 썼거든요. 효은이는 참 꾸준했습니다.

맥 바넷이 글을 쓰고 존 클라센이 그림을 그린 『샘과 데이브가 땅을 팠어요』(시공주니어, 2014)에서 '샘과 데이브가 무엇을 찾고 싶었을까요?'가 글감으로 나온 날, 효은이는 다음과 같이 썼습니다.

> 샘과 데이브가 찾고 싶었던 것은 끈기와 노력이 아닐까요? 하루종일 고생만 하다 결국은 아무것도 손에 넣지 못하고 집으로 돌아왔지만 샘과 데이브는 "정말 어마어마하게 멋졌어."라고 말하잖아요.
> 만약 저였다면 짜증만 냈을 것 같아요. 하지만 샘과 데이브는 아무것도 손에 넣지 못했지만 끈기 있게 땅을 파고 힘들어도 노력해서 했으니 그런 말을 한 것 같아요.

효은이는 책을 읽으며 끈기와 노력도 재능임을 깨달았나 봅니다. 타인의 평가가 아니라 스스로 자신의 생각을 존중하는 법을 익힌 거지요. 효은이는 꾸준히 글을 써내려갔습니다. 친구들의 댓글이나 조회 수는 많지 않았지만 이에 신경 쓰지 않고 샘과 데이브처럼 글쓰기 땅을 파 내려갔습니다. 효은이가 글쓰기를 시작한 날로부터 6개월쯤 지났을 때였습니다.

이자벨 아르스노의 그림책 『콜레트가 새를 잃어버렸대!』로 글감을 낸 날입니다. 효은이의 글은 평소와 달리 조회 수는

27회, 댓글은 10개를 기록하며 인기를 끌었습니다.

> 이야기를 지어낸 사실이 탄로 나면 친구 모두 실망할 수도 있겠죠. 이야기를 지어내기보다 "같이 놀자~"는 말로 다가가면 친해질 수 있습니다.
> 이야기를 지어낸 친구들과 친해지는 방법도 있습니다. 이야기를 지어내면 친구들은 콜레트처럼 이야기를 잘 만들어내는 친구라고 생각할 수도 있겠죠.

효은이는 "~했다면"이라는 말로 친구들의 심정을 헤아립니다. 이야기를 지어내지 않고 다른 방법으로 친구에게 다가가면 어땠을지도 의견을 냅니다. 콜레트처럼 이야기를 지어내는 방법도 괜찮다고 합니다. 그림책 속 친구들은 콜레트의 이야기를 들으며 모두 감탄하는 표정이었는데요. 효은이는 그 아이들의 얼굴을 보면서 마음을 읽었습니다. 친구들과 놀고 싶은 콜레트의 마음, 거짓말임을 알고 실망하는 친구도 있을 거라는 가능성, 이야기를 지어내는 대신 다른 방법으로 친구를 사귈 수 있지 않을까 하는 질문, 상상 놀이를 통해서 아이들이 얼마든지 친해질 수 있다는 열린 결말에 공감해주었습니다. 또 시처럼 리듬을 주면서 반복했고, '있겠죠'나 '있습니다'로 어미를 변화시켰으며, '~수 있습니다'라고 하여 결론을 단정하지 않고 열어놓았습니다. 콜레트 옆에 모여든 아이들 마음속에 각각 떠오른 생각을 효은이의 글에서도 볼 수 있습니다.

글쓰기를 하면서 글감을 생각해내는 과정은 힘듭니다. 처음 참여했을 때는 글쓰기 시간이 지옥 같다고 말하는 아이, 짜증이 끝도 없이 난다는 아이도 있습니다. 30일 동안 하루도 빠지지 않고 글쓰기를 해낸 효은이도 "글을 쓸 때마다 머릿속에서 생각을 꺼내는 게 힘들었어."라고 솔직한 심정을 말합니다. 글쓰기를 통해 자기 생각을 보여주는 게 어려웠나 봅니다. 이러면서도 다음 기수도 열심히 하겠다고 다짐합니다. 친구들과 글쓰기를 같이할 수 있어 좋다고요

운동하면 근육이 생기듯이 생각하는 연습을 꾸준히 하면 문장이 단단해지면서 글쓰기가 쉬워집니다. 다음 한 달을 또 하고 나면 '내가 이렇게 잘 썼단 말이야' 하고 자랑스러운 마음이 들 것입니다.

그렇다면 어떻게 해야 아이디어를 쉽게 꺼낼 수 있을까요? 질문을 만들어보면 글감 주제를 정할 수 있습니다. 책을 읽으면서 궁금한 점을 한 문장으로 적어봅니다. 쓰는 것이 어렵다면 질문을 말로 해보는 것부터 시작해봅니다. 앞에 친구가 있다고 상상하고 말을 하는 거예요. 그러고는 재빨리 그 말을 옮겨 적습니다. 나중에 쓰려고 하면 다 잊어버리니까요.

꾸준히 끈기를 갖고 노력한다면 누구나 마음에 남는 글을 쓸 수 있습니다. 한 사람이 이야기해도 여러 명이 말한 것처럼 풍

성한 생각을 글에 담을 수 있습니다.

스스로 소심하다고 여기는 아이들은 어쩌면 "난 평범해."라고 하면서 성장 가능성을 닫아놓고 지내고 있는지도 몰라요. 만일 '평범'이라는 단어로 그릇을 만든다고 상상을 하면 어떤 색깔이 될까요. 전 투명색일 것 같아요. 평소에는 눈에 띄지 않다가 다른 색이 들어오면 그 색에 물이 듭니다. 하지만 단단하지요. '평범'을 물체에 비유한다면 물일 것 같습니다. 물은 어떤 곳에 담았느냐에 따라 네모 모양도 되고, 세모 모양도 되고, 동그랗게도 변합니다. 도드라지지 않고 개성이 없는 것 같아도 유연해서 원할 때마다 자유자재로 바꿀 수 있는 것이 평범함의 매력입니다. 어떤 생각과 감정이라도 세심하게, 또 다채롭게 표현하는 능력이 소심한 아이들의 매력이 아닐까 싶습니다.

친구 글을 보면서
영감받기

　재미있게 글을 쓰는 친구는 주목을 받습니다. 자신감 넘치는 아이들은 어떤 주제가 나와도 망설이지 않고 쓱쓱 글을 씁니다. 글쓰기 카페에 글감이 올라오면 기다렸다는 듯 써서 올립니다. 그런 아이들의 글은 조회 수도 높습니다. 댓글도 많이 달립니다. 이런 아이들은 친구들의 눈을 의식하면서 씁니다.

　자신을 소심하다고 생각하는 아이들은 다릅니다. 어떻게 써야 할지 망설이다가 늦게 올립니다. 다른 친구들의 글을 위에서부터 하나씩 열어보고 쓰는 경우가 많습니다. 그러다 보니 먼저 글을 올린 아이들의 조회 수도 차이가 납니다. 아이들은 지나간 글에 별로 관심을 두지 않거든요. 자기가 아직 글을 쓰기 전일 때는 다른 친구들의 글을 흥미롭게 보다가도 일단 글을 올리고 나면 잊어버립니다.

　그런데 친구의 글을 먼저 읽고 자기 생각을 정리해 천천히 올리는 방법도 나쁘지 않습니다. 어린이 독서토론을 하다 보면 매번 먼저 손을 드는 아이도 있지만 선생님이 이름을 부를 때만 자기 생각을 말하는 아이도 있습니다. 그런데 가만히 있다가 한 번씩 발언하는 아이에게서 깊은 생각을 볼 때가 많습니다. 처음에는 할 말이 없다가도 다른 아이의 말을 듣다 보면 생각이 떠올라 자기 생각에 친구의 생각이 보태지기 때문입니다.

책을 여러 번 읽는 것보다 독서토론 한 번 할 때 이해도가 높아지지요. 그런 이유로 저는 고등학생이나 성인 대상으로 서평 쓰기 수업을 할 때도 토론을 먼저 합니다. 책을 읽었어도 서평을 쓰려고 하면 무엇을 써야 할지 막막하기만 한데, 독서토론을 하고 글을 쓰면 다르거든요. 다른 이의 머리를 여는 열쇠 역할을 하면서 생각을 꺼내줍니다.

글쓰기에서도 마찬가지입니다. 친구들의 글을 하나씩 읽어보며 글을 쓰는 아이들은 다른 사람의 생각을 경청하며 글을 써내려가는 것과 같습니다. 이때 하나의 생각에 하나가 더해져서 둘이 되는 게 아닙니다. 셋이나 넷, 그 이상이 됩니다. 그러니 무엇을 써야 할지 막막할 때 친구가 쓴 글들을 골라서 읽어보세요. 마음에 다가오는 글을 선택해도 되고 자기와 비슷한 친구의 글도 좋습니다. 그 글을 읽고 자기 생각을 보태어 쓰면 됩니다. 비슷해 보여도 머릿속에 들어갔다가 나오면 새로운 글이 만들어집니다.

'소심한' 아이도 관심을 받고 싶은 마음이 크게 자리 잡고 있습니다. 지금은 밖으로 나갈 준비가 되어 있지 않으니까 천천히 시작하면 됩니다. 다른 친구가 저 앞에서 빨리 달려간다고 해서 숨 가쁘게 따라갈 필요는 없습니다. 중간에 누워서 쉬어도 되고, 한숨 자도 좋습니다. 속도만 다를 뿐 목표를 향해서 가는 중이니까요.

유정이는 "내가 쓴 글이 마음에 든다."면서 글쓰기를 꿋꿋하게 하고 있습니다. 10개월 동안 글쓰기를 한 번도 놓친 적이 없습니다. 30일 글쓰기가 끝날 때마다 유정이는 매번 열심히 한 자신의 모습을 뿌듯해합니다. 꾸준함의 저력일까요? 유정이의 글에는 긍정적인 에너지가 흐릅니다. 오랫동안 참여하다 보니 이젠 조회 수도 제법 되고 친구들의 댓글도 몇 개씩 달립니다. 언제나 맨 마지막에 글을 올렸지만 이제 중간쯤 올립니다. 이렇게 자신이 잘하고 있다고 믿으며 꾸준히 가는 유정이의 모습이 아름답습니다.

친구가 댓글을 남겨줄 때와
'내'가 내 글에 댓글을 남길 때

아이들은 글을 쓰고 나면 친구들의 댓글을 기대합니다. 다른 친구 글에는 댓글이 잘 달리는데 자기 글에는 없으면 허전하지요. 조용한 아이도 시선을 끌고 싶고, 활발한 친구들 못지않게 주목을 받고 싶어 합니다. 어른이나 아이나 사랑받고 싶은 마음은 똑같습니다.

온라인 글쓰기 공간에서 인기를 끌기란 쉽지 않습니다. 아이들은 어른처럼 체면 때문에 봐주는 게 없습니다. 자기가 보고 싶은 글만 클릭해 댓글을 남깁니다. 몇 명의 친구 글만 정해 놓고 보고, 다른 친구의 글은 읽을 생각을 하지 않기도 합니다. 선생님이 "새로 온 친구에게 환영하는 글을 남겨주세요. 친한 친구뿐만 아니라 다른 친구들의 글에도 칭찬을 남겨주세요." 라고 안내하면 조금 하는 시늉을 하다가 원래대로 돌아갑니다. 마음이 가는 대로 움직이는 게 아이들입니다. 그렇기에 친구들이 남긴 댓글은 선생님의 피드백과 다릅니다. 정말 재미있고, 정말 좋다고 생각할 때 남깁니다.

글을 올리고 나서 친구들이 어떤 반응을 보일지 기다리는 아이들이 대부분이지만, 자기가 직접 나서서 그 시간을 채우는 아이도 있습니다. 김륭의 시 「오늘은 꿈속에서 놀다 가렴」을 주고 '꿈속에서 노는 장면으로 시를 써보세요'라는 글감을 준 날입니다. 초등학교 6학년이 끝나갈 무렵에 글쓰기를 처음 시작한 시현이는 '드림스'라는 제목의 시를 썼습니다. 시현이는 마음이 급합니다. 1시 56분에 글을 올리자마자 자기가 먼저 빨간 하트를 누르고 "충격적인 이야기다."라며 댓글을 답니다. 친구 대신 당당하게 자기 글에 댓글을 쓴 거죠. 또 글을 올린 후 시현이는 글쓰기 카페에 대기하고 있을 때가 많습니다. 친구나 선생님이 댓글을 남기면 그 즉시 회신을 하려고 준비합니다. 자기 글을 보고 어떻게 이야기할지 궁금해서 적극적으로 반응합니다.

두 번째 기수에 참여한 시현의 자기소개 글에 '좋아요' 7개, 댓글 15개가 달렸습니다. 첫 번째 댓글은 역시나 시현이가 썼습니다. "저는 제 글에 매번 좋아요를 눌러요."라고 스스럼없이 말합니다. 글에 괜한 힘이 들어 있지 않습니다.

글은 그렇게 써야 하는 게 아닐까 싶습니다. 뭔가 특별한 걸 보여주겠다는 마음 없이 글을 올리자마자 자기가 먼저 공감한다는 '좋아요'를 누르고, 이를 모두에게 알려주는 것. 자기 글이 특별하다고 생각하지 않는다면 솔직한 마음을 드러내기 쉬워집니다.

친구의 댓글을 독자의 반응으로 여기고 여러 번 보다 보면 글쓰기를 하고 싶어집니다. 글쓰기의 강력한 동기가 되는 것이죠. 하지만 그 동기를 찾아가는 아이들의 태도는 조금씩 다릅니다. 어떤 아이는 조용히 기다리다가 누구라도 관심을 보이면 기뻐하고 고마움을 표시합니다. 또 어떤 아이는 시현이처럼 자기 글에 먼저 감탄하는 말을 남깁니다. 스스로 잘 썼다고 진심으로 믿으면서요.

친구가 남긴 댓글을 보석처럼 간직하는 아이, 친구 대신 자기가 먼저 자기 글을 인정하며 자신감을 채우는 아이, 친구의 반응을 신경 쓰지 않고 스스로 칭찬하면서 나의 글을 '존중'하는 아이, 자기 글을 '멋지다'고 하는 친구의 한마디에 힘을 내는 아이 모두 자신만의 글쓰기를 잘 해나가고 있습니다.

우리 아이 글쓰기 습관 점검 리스트

1. 글쓰기가 재미있다고 말한 적이 있나요?

★★★★★   ★★★★   ★★★   ★★   ★

| 평생 글쓰기를 하고 싶다고 해요. | 글로 생각을 표현할 수 있어서 좋다고 합니다. | 한두 번 정도 있어요. | 싫지도 좋지도 않다고 해요. | 글쓰기를 싫어한다는 말만 해요. |

2. 일기를 쓰고 있나요?

★★★★★   ★★★★   ★★★   ★★   ★

| 매일 씁니다. | 일주일에 3~4회 정도 써요. 일기장에 감정을 털어놓는 걸 좋아해요. | 여행을 가거나 즐거운 일이 있는 날만 써요. | 하라고 시키면 합니다. | 쓰기 싫어해서 숙제 있는 날에 달래면 겨우 해요. |

3. 글쓰기 분량은 어느 정도 되나요?

★★★★★   ★★★★   ★★★   ★★   ★

| 1페이지 이상 쓰는 편입니다. | 반 페이지 정도 씁니다. | 다섯 줄 이상 씁니다. | 서너 줄도 겨우 씁니다. | 한 줄 쓰기도 어려워해요. |

4. 글쓰기 하는 데 시간이 얼마나 걸리나요?

★★★★★   ★★★★   ★★★   ★★   ★

| 1시간 넘게 쓰는 날이 많아요. | 30분 이상 소요됩니다. | 10분 내외입니다. | 5분 이내입니다. | 생각이 안 난다고 안 쓰고 가만히 있을 때가 많아요. |

5. 독후감을 쓰나요?

★★★★★   ★★★★   ★★★   ★★   ★

매번 쓰는 편인데   재미있는 책을   숙제로 주어지면   시키면 간단히   하기 싫다고
감동받았을 때는   읽었을 때   합니다.   몇 줄을 씁니다.   버티다가 억지로
책을 읽자마자   씁니다.   씁니다.
써요.

6. 아이가 자기 글을 보여주고 싶어 하나요?

★★★★★   ★★★★   ★★★   ★★   ★

가족 앞에서   글을 쓰고 나면   자기가 잘 쓴 것   글을 보고   자기가 쓴 글을
자기가 쓴 글을   엄마에게 찾아와   같은 날, 어쩌다   싶다고 말하면   누가 보는 걸
낭독하는 걸   바로 보여줍니다.   한번 보여줍니다.   보여줍니다.   싫어해요.
좋아해요.

7. 글쓰기를 시작하기 전에 주제에 대해서 이야기하고 싶어 하나요?

★★★★★   ★★★★   ★★★   ★★   ★

무슨 글을 쓰고   글쓰기를 하고   무엇을 쓸지   아이가 먼저   글쓰기에 대해
싶은지 매번   싶은 마음이   잘 떠오르지   하지는 않아요.   이야기하는 것을
엄마 아빠에게   들 때는 이야길   않을 때 찾아와   기분 좋을 때   싫어해요.
와서 즐겁게   해요.   말을 걸 때가   말을 걸면 곧잘
얘기해요.   있어요.   이야기를 해요.

별 개수(총 35개)

⊞ 별 개수 35~30개 매일 글쓰는 습관이 잘 잡혀 있습니다. 축하합니다. 지금처럼 계
  속할 수 있도록 응원해주세요.
⊞ 별 개수 29~25개 글쓰기를 좋아합니다. 매일 글쓰기를 곧 하겠네요. 한 단계 더 점
  프하도록 자신감을 북돋아주세요.
⊞ 별 개수 24~20개 글쓰기의 매력을 알고 있습니다. 횟수보다 글을 쓰면서 즐겁다고
  느끼는 경험이 중요한 단계입니다. 아이가 시간을 두고 천천히 쓰도록 기다려주세요.
⊞ 별 개수 19~15개 글쓰기에 대해 관심이 있습니다. 글쓰기 분량이나 내용보다 아이
  의 노력을 봐주세요. 격려를 받으면 아이가 해보고 싶어 할 거예요.
⊞ 별 7개 이하 글쓰기를 싫다고 말하지만 속으로 잘하고 싶은 마음은 있어요. 해보니
  까 어렵지 않고 재미있다고 경험하는 시간이 필요합니다.

알쏭달쏭 상담소

다른 아이 글과
자꾸만 비교될 땐 어떻게 해요?

Q. 아이가 쓴 글을 보면 자꾸 평가하게 됩니다. 다른 아이는 잘 쓰는데 우리 아이는 왜 이 정도밖에 안 될까 속상합니다. 아이의 글을 보면 잘못한 부분만 눈에 들어오고 그렇게 쓰면 안 된다는 말만 하게 됩니다. 이럴 때 필요한 주문이 있을까요?

A. 맞춤법을 틀리거나 몇 줄밖에 안 되는 글 분량을 보고 심란해하는 부모들이 많습니다. 화가 나는데 꾹 참고 '이렇게 저렇게 해야 한다'고 알려주려니 한숨부터 나오는 거지요. 또 말한다고 해도 아이 글이 달라지지도 않고요. 같은 학년 누구는 몇 페이지 분량을 쓰는데 언제 실력이 늘까 불안하지요. 비교하면 안 된다는 걸 알면서도 자동으로 다른 아이 글이 떠오릅니다. 아이가 좀더 잘했으면 좋겠다는 생각을 내려놓으려고 하지만 뜻대로 잘 되지 않습니다.

어머니의 마음부터 먼저 돌봐야 합니다. '엄마니까 난 이러면 안 돼, 내 아이의 좋은 점만 봐야 해' 이렇게 주문을 외우려고 해도 분노하거나 실망하는 마음이 쌓일 수 있습니다. 나중에 아이에게 화가 한꺼번에 터질 수도 있어요. 엄마의 마음은 저 앞에 가 있는데 아이는 같은 자리에서 꿈쩍도 안 하니까요.

저는 어머니에게 속상한 심정을 글로 써보라고 권합니다. 감정을 표현할 시간이 필요합니다. 말하지 않고 참아본들 아이는 엄마의 마음을 다 알아채요. 아이에게도 별 도움이 되지 않습니다. 아이에게 하고 싶은데 직접 할 수 없는 말, 또 하면 안 되는 말을 글로 써봅니다. 하소연하는 글을 쏟아내고 나면 시원한 기분이 들거든요. 참지 않고 털어놓으면서 그런 마음을 해소하는 겁니다.

두 번째, 어린 시절 남과 비교당했던 일을 떠올려보고 그 순간을 적어보세요. 다들 어릴 때 비교당해서 속상했던 순간이 있을 거예요. 기억 속으로 들어가 과거의 순간을 영사기를 돌리듯 회상해 글로 옮겨 적습니다. 가능한 한 자세히 그때 상황과 기분을 적어봅니다. 그러면 이해하려고 하지 않아도 아이의 마음이 느껴지면서 풀어질 수 있어요.

마지막으로 판화가 이철수의 『가난한 머루송이에게』라는 작품을 읽어보길 추천합니다. 가느다란 나뭇가지에 빨간 머루가 조금 달려 있습니다. 그 그림 상단에 이렇게 적혀 있습니다. "겨우 요거 달았어?" 그 말을 들은 머루는 이렇게 대답합니다. "최선이었어요." 이어서 "그랬구나… 몰랐어. 미안해."라는 말이 이어집니다. 아이는 지금 최선을 다하고 있습니다. 싫은데 억지로 해보려고 노력하는 중입니다. 누구나 좋아하고, 원하는 일을 할 때 잘하잖아요. 아이가 글쓰기에 적응할 시간을 주세요. 엄마 아빠의 긍정적인 시선이 많아지면 어느 순간 글쓰기가 재미있다고 말하는 순간이 올 거예요.

6장

마음이
삐걱이는 아이들,
글쓰기로
마음을 보여준다

마음을 표현할 수 있는
'글쓰기 방' 만들기

"하기 싫어, 귀찮아. 기분 나빠, 속상해, 우울해."

이렇게 말해서는 마음속에 가라앉은 감정을 해소하기 어렵습니다. 왜 하기 싫은지, 왜 귀찮은지, 왜 속상하고 우울한지 이유를 찾는 과정을 거쳐야 감정을 다독일 수 있습니다.

부모와 갈등이 있을 때 아이는 대개 감정 표현에 서툽니다. 어떻게 이야기해야 할지 잘 모릅니다. 부모의 눈을 똑바로 바라보면서 자기 의견을 밝히는 아이는 별로 없습니다. 아이의 최대 무기는 무엇을 해달라거나 하지 않겠다고 말하는 '조르기' 정도입니다. 아이에게 부모는 가까우면서도 어려운 존재입니다. 자기도 '빨리 커서 늦잠도 자고, 게임도 하고, 싫은 건 하지 않고 내 마음대로 해야지' 다짐하지만, 그러자면 10년을 기다려야 할 텐데 그동안 아이들의 마음은 어떻게 될까요.

마음을 표현할 수 있는 '글쓰기 방'을 이용하면 아이들이 감정 표현을 하기 시작합니다. '밤이 없어진다면'이라는 제목으로 글을 쓴 초등학교 3학년이 있는데요. 밤이 사라지면 욕심 많은 엄마가 잠도 안 재우고 하루 종일 공부를 시킬 테고, 그러면 자기는 스트레스로 말라 죽을 거라는 내용이었습니다. 아이는 공부를 더 많이 해야 하는 상황을 떠올리면서 겁을 냅니다. 엄마 앞에서는 하지 못한 말을 글쓰기 공간에 들어와서야 '욕심 많은 인간'이라며 엄마를 비난합니다.

　'싫어'라는 시를 쓰면서 엄마를 '괴물'이라고 이야기하는 초등학교 3학년 아이도 있었어요. 공부하기 싫다고, 학교 가기 싫다고 하면 엄마가 무서운 얼굴로 "안 돼! 빨리 해."라고 말하기 때문이랍니다. 글쓰기 세계에 들어온 아이들은 그곳이 안전한 공간임을 알아차리고 마음 놓고 솔직한 심정을 드러냅니다. 글쓰기라는 도구를 이용해 마음을 어떻게 드러내야 하는지 자연스럽게 익힙니다. 아이는 버릇없는 말을 한 게 아니라 힘든 심정을 털어놓았을 뿐입니다. 글쓰기를 하면서 자기감정을 이해하는 시간을 가지는 거죠.

　엄마가 자기한테는 자주 화를 내면서 방에 똥이나 싸는 냄새 나는 강아지는 왜 혼내지 않냐고 묻는 아이도 있었습니다. 자기한테만 뭐라고 하는 엄마에 대한 속상함과 엄마가 자기에게 화를 내지 않았으면 좋겠다는 바람을 적습니다. 상처받은 마음을 이야기하는 아이도 있습니다. 꼭꼭 닫혀 있는 마음이 언젠

가 열릴 수 있게 고치고 싶고, 부서진 자기 마음을 조각조각 모아서 새롭게 만들고 싶다고도 말합니다. 왜 마음의 문이 삐걱거리게 되었는지 알려주었는데요. 자기도 아파서 힘들었는데 엄마 아빠가 오빠만 더 챙겨서 슬펐던 사연과 집안일을 열심히 했는데 "수고했어."라는 말은커녕 짜증만 낸 엄마에 대한 서운함 때문이었습니다. 엄마에게 짜증 내고 화를 내고 싶어도 무서워서 대들지 못했다고 말합니다.

이 고백이 올라온 후 친구들이 위로의 말을 댓글로 적었는데요. 그 고마움을 간직하고 있다가 글쓰기 마지막 날 다음과 같이 썼습니다.

> 나는 내가 힘들다는 걸 딴사람이 몰랐으면 하면서도 먼저 알아주었으면 하고 바라는 것 같다. 저번에도 많이 힘들었는데 용기 내 쓴 글에 많이 응원해줘서 고마웠다.

아이들은 글쓰기 방에서 두 가지 사실을 압니다.

첫째, 자기 마음을 드러내는 어떤 이야기를 해도 괜찮다.
둘째, 자기 글에 공감해주는 친구와 선생님이 함께 있다.

그런 말을 하면 안 된다는 어른 대신 공감하면서 이야기를 들어주는 친구들 속에 둘러싸여 있는 거죠. 아이들은 화나고 속상했던 이야기를 하고 싶어도 말을 해도 될까 불안해서 잘 꺼내놓질 못합니다. 하지만 아무 말이나 솔직하게 이야기해도 괜찮은 글쓰기 공간이라면 아이는 용기를 내서 입을 열곤 합니다. 게다가 그 마음을 헤아리는 친구들과 선생님에게 위로를 받으며 마음이 치유되지요. 어떻게 해야 할지 아직 길을 찾지 못해도 괜찮아요. 자기 말을 들어주는 사람이 있다는 걸 알면 아이들은 계속 글쓰기 방에 찾아와 마음을 보일 테니까요. 소중한 경험을 하는 시간입니다.

아이들은 수학이나 과학만이 아니라 감정을 표현하는 방법도 배워야 합니다. 자기에게 어떤 마음이 있는지를 알아야 공부에 집중할 수 있습니다. 마음이 속상한 상태에서는 책을 봐도 눈에 들어오지 않습니다. "마음을 편히 가져. 긴장하면 더 집중이 안 되니까. 힘든 일 있으면 내게 다 이야기하고 풀렴." 같은 마음을 다독이고 챙기는 처방전이 아이들에게도 필요합니다.

마음을 들여다볼 수 있는 공간이 바로 '글쓰기 방'입니다. 부모님이 그곳에 글을 올린다면 아이들도 부모님의 마음을 알게 되겠죠? 말로 다 채우기 어려운 영역, 서로 잘 모르는 마음 세계에 글쓰기가 들어가면 좋겠습니다. 서로에 대해 공감하게 될 테니까요.

하고 싶은 말 털어놓을
글쓰기 멍석 깔아주기

　얼굴 보고 선생님에게 물어보기는 어려워도 온라인 공간에서는 쉽습니다. 카페에 글감을 올리면 아이들은 편하게 댓글로 말을 겁니다. 김금래 시인의 「폭포」라는 시를 보여주고 '~ 해봤니?'로 시를 써보라는 글감을 내준 날입니다. 김금래는 '봤니'라고 각 연을 마무리하면서 마음 아픈 순간에 대해서 이야기합니다. 절벽에서 거꾸로 떨어져본 적이 있는지, 바닥을 치면서 울어본 적 있는지를 말이죠.

　흥미로워 보이는 글감을 만날 때 아이들은 "우왕! 재밌겠어요! 글 쓰는 게 기대돼요!"라고 반응합니다. 어떻게 써야 할지 모를 때는 "이게 맞나요?"라고 질문하지요. 아이 한 명이 글감을 보고 "저도 바닥을 치며 울어본 적 있어요."라고 댓글을 남겼는데요. 그 작은 마음에 아픔이 꽉 들어차 얼마나 힘들었을지 마음이 쓰였습니다.

아이들에게 글쓰기란 어떤 역할을 하는 걸까요. 글쓰기의 동기에 대해 쓴 작가가 있습니다. 미국의 소설가 조지 오웰은『나는 왜 쓰는가』(한겨레출판, 2010)라는 에세이를 통해 '순전한 이기심, 미학적 열정, 역사적 충동, 정치적 목적' 이렇게 네 가지로 글쓰기 동기를 분류했습니다. 그중 '순전한 이기심' 안으로 깊숙이 들어가면 '어린 시절 자신을 푸대접한 어른들에게 앙갚음하고 싶은 욕구'도 들어 있다고 해요. 어린 시절에 받은 상처를 해결하지 못한 채 어른으로 성장하면 평생 풀어야 할 숙제로 남아 강력한 글쓰기 동기가 되기도 합니다.

아픈 마음을 치유하는 여러 방법 가운데 글쓰기가 있습니다. 이처럼 강력한 도구를 아이들이 일찍 만나면 어떻게 될까요. 우연한 계기로 글쓰기 세계에 발을 들여놓았다면 마음을 다쳐서 깊은 곳까지 떨어졌더라도 바닥을 딛고 힘차게 일어설 수 있으리라 믿습니다.

유찬이는 앞에서 소개한 김금래 시인의 시「폭포」를 읽고 이렇게 댓글을 남겼습니다.

> 무언가 이상하다. 거꾸로 떨어져서. 땅 치며 울다가. 부서져서. 나비처럼 날아올라…(벌처럼 쏜다) 무지개를 만든다?.

유찬이는 무슨 의미일지 골똘히 고민하고 있었습니다. 잠시 뒤 "시를 이해했어!"라며 "폭포니까 물이 절벽에서 떨어져서 내는 소리를 우는 거라고 표현한 거구나. 부서져서 물이 튀기면서 무지개를 만드는 거고(전지적 물 시점).”라고 댓글을 달았습니다.

잠시 후 유찬이는 “맞나요?(정답은 없겠지만…).”라고 또 댓글을 남겼는데요. 시란 정답이 없다는 걸 알면서도 선생님에게 확인받고 싶어 하는 거죠. 물은 절벽에서 떨어져보고, 바닥을 치면서 울어보고, 울면서 부서져보기도 했습니다. 산산이 부서지다가 나비처럼 날아오르기도 하고, 무지개로도 변했습니다. 무한한 능력을 지닌 물은 공간 전체를 장악했습니다. 절벽 끝과 바다 밑바닥, 하늘 위로 파고 들어갔습니다. 무생물이었다가 생물로 변했습니다. 물은 깊은 슬픔을 표현했다가 절망에서 벗어난 마음을 무지갯빛으로 펼쳐 보였습니다. 유찬이는 본능적으로 안 것일까요. 아이들은 시인의 표현을 ‘감각적’으로 느끼고, 그 안에 담긴 의미를 스스로 발견합니다.

폭포의 슬픔을 이해한 유찬이는 생각을 쥐어짜서 「해봤니?」를 썼다며 다음의 글을 올렸습니다.

해봤니?

이유찬

엄청나게 슬퍼보았니?
불쌍한 인천 화재 형제
동생이 하늘나라로 갔다는 뉴스를 보았니?

엄청나게 마음이 아팠어.

엄청나게 슬퍼보았니?
영화보다 더 영화 같은 인생을 산 채드윅 보스만
암으로 죽었다는 기사를 보았니?
암 투병 중에 영화를 찍었다는 것이 마음이 아팠어.

(우리의 영원한 블랙팬서)

엄청나게 감동을 먹어보았니?
연쇄살인마를 용서한 피해자의 아버지
난 그 장면에서 감동을 받았어.
누군가를 그것도 원수를 용서한다는 게 쉽지 않거든.

누군가를 엄청나게 좋아해보았니?
누군가가 없으면 지루할 때.
누군가가 없으면 걱정될 때.
누군가를 보고 싶을 때.

김금래 시인이 절제하며 폭포 이미지로 그린 상실감은 유찬이의 마음을 붙잡아 현실 세계 속 사례로 이끌었습니다. 유찬이는 시 속의 한없는 슬픔을 온 마음으로 받아들였습니다. 초등학생 둘만 집에 있으면서 라면을 끓이다가 불이 나 동생은 죽고, 형은 중화상을 입은 인천 화재 사건 이야기, 대장암 수술을 하면서도 촬영을 이어간 어벤저스 멤버 채드윅 보스만의 이른 죽음, 70명을 죽인 살인자 리지웨이에게 딸을 잃은 아버지가 떨리는 목소리로 전한 용서 메시지를 '슬퍼보았니'와 '감동해보았니'로 연결합니다. 김금래 시인은 '부서진 가슴을 회복시켜 나비와 무지개'로 끌어올렸고, 작은 시인 유찬이는 '누군가를 엄청나게 좋아할 때'로 변환시켰습니다. 김금래의 시를 읽는 이가 결국 나비와 무지개를 따라 위로 올라간다면, 유찬이의 시를 읽는 사람은 누군가를 좋아하는 마음을 품고 위로 튀어 오르게 됩니다.

'해봤니'는 쉽게 접근할 수 있는 경험 나누기 주제입니다. 또띠야에 소시지, 치즈를 얹어 전자레인지로 피자를 만들면서 '이런 거 해봤니?'라는 아이, '이런 음식 조합 먹어봤니?' 하며 좋아하는 메뉴 소개를 하는 아이, 가족과 여행했던 추억을 떠올리며 '여기 가봤니?' 하는 아이가 그렇습니다. '그림 그린다고 반 친구에게 칭찬 받아봤니?' '두 손 놓고 자전거를 타봤니?' 하며 잘한 순간을 자랑할 수도 있고 '학교 안 가려고 꾀병 부려봤니?' '3일 연속으로 학교 준비물 빠뜨린 적 있니?' 같은 고백을 해도 됩니다. '하늘을 날아본 적 있니?' '땅속을 파고 들어가본 적 있니?', '포도 옷(?)을 입어본 적 있니?' 같이 해보고 싶은 일을 상상해도 즐겁습니다. 진정한 친구 관계를 찾으며 '서로에게 솔직해져 봤니?'라는 질문을 던져도 좋겠지요.

누구든
내 말 좀 들어줘!

‘아이들은 싸우면서 자란다’는 말이 있습니다. 형제자매나 친구끼리 싸우는 건 괜찮은데 문제는 그다음입니다. 아이들은 싸운 뒤에 쌓인 분노를 어떻게 해결해야 할지 모릅니다. 싸움은 잠깐이고 화난 마음은 좀처럼 가라앉지 않습니다. 분노가 빠져나갈 구멍을 뚫어놓지 않으면 계속해서 쌓이고, 보드라운 아이들의 마음은 단단하게 굳어집니다. 언니와 동생이 서로 싸우고 나서 씩씩거릴 때 “네가 언니니까 참아야지. 동생을 돌봐주렴.” 또는 “네가 동생인데 언니에게 버릇없게 굴면 안 되지.”라는 말은 미워하는 마음을 더 크게 키웁니다. 이 아이들에겐 의젓한 언니나 착한 동생 역할 말고 미움을 표출하면서 감정부터 다독일 시간이 필요합니다.

어린이 글쓰기와 청소년 글쓰기 프로그램을 함께 운영하던 초반의 일이었습니다. 중학생 언니와 초등학생 동생이 양쪽 프로그램에서 각각 글쓰기를 했습니다. 둘은 글감을 이용하거나 자유 주제를 선택해서 집에서 서로 싸운 이야기를 들려줍니다. 언니는 동생이 얼마나 버릇없게 행동했는지, 그 때문에 자신이 얼마나 화가 치밀어 올랐는지 상황을 설명하고 화나는 마음을 표출했습니다. 동생은 동생대로 이유 없이 언니에게 맞아 분한 이야기를 비롯해 언니와 엄마에게 얼마나 불공평한 대우를 받고 있는지를 썼습니다. 각자 자기 입장에서 쓴 글이라 글만 떼어놓고 보면 도저히 같은 일을 두고 이야기한 것인지 의심이 들 정도입니다.

감정을 털어놓을 수 있는 글감을 준비한 날이면 아이들은 언니는 동생, 동생은 언니 이야기를 많이 합니다. 기쁨, 슬픔, 버럭, 까칠, 소심이라는 다섯 감정이 나오는 영화 「인사이드 아웃」을 소개한 후 '내가 가장 슬펐던 일을 이야기해주세요'라는 글감이 나간 날이었습니다. 중학생 언니는 같이 자던 동생 발에 정통으로 맞아 목이 너무 아팠던 몇 년 전 순간을 가장 서러웠던 때로 꼽습니다. 동생이 얼마나 괘씸하게 행동했는지 세세하게 묘사하며 분노를 쏟아냈습니다. 이날 외에도 동생과 싸운 날은 화가 나서 도저히 견딜 수 없다면서 글쓰기 카페에 들어와 바로 글을 올렸습니다.

동생도 기회가 있을 때마다 언니를 소재로 글을 썼습니다. 이현의 『푸른 사자 와니니』(창비, 2019)를 소개하며 명예를 위해 싸우는 사자의 말을 보여준 후 '나는 왜 싸웠을까'라는 글감을 내준 날 동생은 언니와 싸운 이야기를 올렸습니다. 언니는 싸우고 싶지 않아도 싸우게 만드는 사람이고 똑같은 잘못을 해도 엄마는 언니는 중2병이 왔으니 참으라고 한다며 자기는 언니에게 얻어터지고 엄마에게 잔소리까지 듣는다고 속상해했습니다. 그러면서 언니라는 사람이 자기를 얼마나 부려먹는지, 반항하면 마구 때려서 부들부들 떨게 만든다고 이릅니다.

두 아이 모두 서로에 대한 미움과 분노를 표출할 공간이 필요했습니다. 글쓰기 프로그램을 진행하는 강사의 역할은 두 아이의 이야기를 온전히 들어주는 일입니다. 한쪽 편을 들지 않고 자유롭게 감정을 표현할 수 있는 공간을 마련해주는 것입니다. 위로받을 수 있는 공간에서 아이들은 힘들었던 그때의 감정을 꺼내 보입니다. 서로에게 다 표현하지 못한 미움을 쏟아냅니다.

두 달쯤 맹렬히 서로에 대해서 쓰던 두 아이는 미움 말고 다른 감정을 보여줍니다. 동생은 글쓰기를 좋아하는 언니를 보면서 자기도 글쓰기를 시작하게 됐다는 이야기, 싸웠을 때 웃긴 말을 하면 언니가 이내 풀어졌다는 이야기를 합니다. 게임을 좋아하는 언니는 동생이 얄미운 구석은 있어도 게임을 같이 하면 즐겁다고 말합니다. 이 아이들은 글을 이용해 충분히 미워하는 마음을 표현했기에 달라졌습니다. '착한 언니나 동생이 되라'와 같은 조언 없이 그 감정에 다른 사람이 개입하지 않았기 때문입니다. 아이들은 감정을 한바탕 쏟아내면서 조절하는

연습을 합니다. 글로써 미움과 분노를 다루는 방법을 혼자서 익힙니다.

감정의 찌꺼기가 남지 않을 때까지 글로 충분히 쓰면 그때부터 마음에 평화가 찾아옵니다. 섣불리 다독이려고 하지 말고, 이제 끝났다고 짐작하지 말고 기다려주세요. 언제 어디서든 미움과 분노란 감정이 생기면 표출할 수 있도록 도와주세요. 말로는 다 표현하지 못할 수 있습니다. 글이라면 자기 입장에서 원하는 만큼 자기 감정을 세밀하게 보여줄 수 있습니다.

누군가에 대한 미움을 글로 쓰는 건 나쁜 게 아니라 필요한 과정이라는 믿음을 줍니다. 혼자만의 글쓰기라도 좋습니다. 아이에게는 말할 자유, 자기 말을 들어줄 공간이 필요합니다.

'어떻게 그랬을까?'
감정 주머니 터트리기

    시인 김개미는 「어떻게 그랬을까」라는 시를 썼습니다. 아이는 장례식이 치러지는 동안 우는 틈틈이 몰래 놀고 그루터기에 앉아 야금야금 과자를 먹던 일을 회상하며 당시 느꼈던 죄책감을 말합니다. 아이는 그 장면을 계속 돌아보면서 슬픔에 온전히 빠져 있어야 할 시간에 과자를 먹고 놀았던 자신을 탓합니다. '어떻게 그럴 수 있었을까'라는 질문에서 빠져나오지 못하고 머물러 있습니다. 할아버지에게 지극한 사랑을 받았고, 자기도 할아버지를 좋아했는데 왜 그랬는지를 떠올리며 슬퍼합니다.

    성장해나가는 데 있어 '왜 그랬을까'라는 질문은 자기 감정을 들여다보고 성찰하게 도와줍니다. 다른 사람에게 말하기 어려운 일도 혼자 시작하게 도와줍니다. 글쓰기를 하면서 스스로를 치유할 수 있는 길을 찾아갑니다.

    다음은 초등학교 3학년 아인이가 쓴 시입니다.

내가 만든 레고가 부서졌을 때

어떻게 그랬을끼?

레고를 그렇게 좋아했으면서

왜 웃었을까?

나의 왕할머니께서 돌아가셨을 때

어떻게 그랬을까?

다른 사람들은 울었는데

왜 난 안 울었을까?

수학 풀이 시간에 왜 엄마에게 화를 냈을까?

어떻게 그랬을까?

엄마에게 이미 혼날 것을 아는데

왜 소리를 질렀을까?

아인이는 자기 마음을 들여다봅니다. 갖고 놀던 레고가 부서졌을 때 왜 웃었을까 질문합니다. 할머니의 죽음을 두고 슬퍼해야 할 때 왜 자기만 울지 않았을까 알고 싶습니다. 엄마에게 화를 내면 혼날 걸 알면서도 왜 소리를 질렀는지 물어봅니다. 글을 통해서 자기감정을 들여다봅니다. 앞서 소개한 자기 방에 똥을 싸는 강아지한테는 아무 말도 하지 않는 엄마가 왜 자기에게만 화를 내는지 속상해하던 아이였는데요. 아인이는 이 시를 쓰면서 어려운 수학 문제를 풀었을 때 엄마가 칭찬해주었으면 좋겠고, 무엇인가를 부서트리고 싶은 충동을 느낀다고도 이야기합니다. 마음속에 화난 마음이 가득 차 답답한데 왜 그런지 모르겠다며 물음표를 여러 개 남깁니다.

감정 주머니의 크기는 한정되어 있기 때문에 많이 담을 수 없습니다. 오랜 시간 채워넣기만 하면 어느 순간 빵 터져버립니다. 글쓰기는 그 감정 주머니에 숨구멍을 뚫는 역할을 합니다. 그 숨구멍으로 가슴을 답답하게 하던 일들이 빠져나가게 해주면 감정이 들어갔다가 나갔다 하면서 주머니의 모양도 변합니다. 감정의 근육이 자라는 중입니다.

감정을 표현하는 글쓰기

글감 주제 **머릿속에서 싫은 사람을 혼내는 방법을 이야기합니다.**

　요시타케 신스케의 그림책 『이게 정말 마음일까』(주니어김영사, 2020)에서 싫어하는 사람이 여러 명 생겼다고 말하는 아이가 나옵니다. 그 사람 때문에 기분 나쁜 일이 자꾸만 생각난다며 '난 왜 이럴까?' '점점 내가 싫어져'라고 말합니다. 다들 돌부리에 걸려서 넘어졌으면 좋겠다고 혼잣말하는 사이 상상의 세계로 들어갑니다. 머릿속에서 싫은 사람을 떠올린 후 꾸욱 눌러서 조그맣게 만들어 손바닥에 얹어놓고 찰싹 소리가 날 정도로 두 손바닥을 마주합니다. 배를 차갑게 만드는 로봇을 조종해서 배를 아프게 하는 이미지를 그립니다.

　아이들에게는 싫으면 싫다고 말할 수 있는 공간이 필요합니다. 글쓰기를 한다면 아이들도 요시타케 신스케처럼 자기감정을 꾹꾹 누르지 않고 머릿속에서 마음대로 이야기를 만들어 표현할 수 있습니다.

글감 주제 **여러분은 누구랑 바꿔 살고 싶은가요?**

　마크 트웨인의 『왕자와 거지』(시공주니어, 2002)는 널리 알려진 고전인데요. 이 작품을 통해 자신이 어떤 삶을 바라는지, 무엇을 하고 싶은지 적어볼 수 있습니다. 누군가를 부러워한다는 건 현재의 내 모습이 마음에 들지 않아 달라지고 싶다는 거겠죠. 자기가 무엇을 꿈꾸는지 그 욕구를 들여다볼 수 있습니다. '만일 ~ 라면'이라는 가정을 통해 상상 속에서 원하는 나를 만들게 해보세요. '무엇을 가지고 싶다', '뭐가 되고 싶다'고 상황을 설정하고 그 안에 자기 모습을 그려 넣을 때 아이들은 자기 욕구를 찾아가는 연습을 할 수 있습니다. 이런 경험을 충분히 하지 못한 채 어른이 되면 내가 하고 싶은 게 뭔지 알 수 없게 됩니다. 그래서 자기 안의 목소리를 듣는 훈련이 필요합니다.

글감 주제 **여러분도 '할까 말까'처럼 어떻게 할지 몰라 힘들었을 때의 이야기를 해주세요.**

김희남의 『할까 말까?』(한솔수북, 2008)의 주인공 '할까 말까'는 '뭐든지 할까 말까 망설이다가 시간을 다 보내버리는 자신을 자책하며 고칠 방법을 찾는 아이입니다. 선택해야 하는 순간에 결정하길 어려워해서 어쩔 줄 몰라하는 모습인데요. 이렇게 망설이는 건 잘못 선택했을 때 받을 비난이 두려워서입니다. 과거에 망설였던 상황들을 글로 적어보며 자기 마음을 살펴보는 시간을 갖다 보면 왜 그렇게 주저했는지 그 이유를 발견하게 됩니다. 사소한 일이라고 생각했던 과거의 한 장면이 떠오르면서 그때 내가 왜 그랬는지 대답하고 싶어집니다. 글쓰기는 수면 아래 잠긴 마음과 생각을 밖으로 꺼내볼 수 있도록 도와주는 역할을 합니다.

알쏭달쏭 상담소

아이가 왜 솔직하게 쓰지 않을까요?

Q. 아이가 솔직하게 쓰지 않을 때가 있어요. 예를 들면 "반장을 했다. 이런 물건이 있다. 이런 것을 먹어봤다." 하면서 아이가 있지도 않은 일을 꾸며 씁니다. 엄마로서 걱정이 되는데 이럴 때 아이를 어떻게 대해야 할까요?

A. 아이가 거짓으로 쓴 글을 보면 부모님들은 '무엇이 부족한 걸까, 이렇게 놔두어도 될까, 내가 가정교육을 잘못 시킨 걸까?'라며 불안해합니다. 우리는 '착한 행동을 해야 한다'거나 '진실만을 이야기해야 한다'는 말에 무게를 많이 둡니다. 어른의 기준으로 아이를 보면 여러 상황에서 계속 부딪힙니다. 어른은 무엇을 해야 하고 하지 말아야 할지를 이미 배워서 알고 있지만 아이들은 아직 잘 모릅니다. 말해주어도 그게 무슨 의미인지 이해하기 어려워하지요. 아이의 행동에 지나치게 개입하기보다는 시간을 주세요. 욕구를 글로 표현하는 과정을 통해 아이가 스스로 배울 수 있을 테니까요.

　아이는 지금 소망을 말하는 중입니다. 나도 반장을 하고 싶고, 특별한 물건을 갖고 싶고, 어떤 음식을 먹어보고 싶다고 말이죠. 무엇을 원하는지를 글로 표현했을 뿐입니다. 어른들에게도 뭔가 하고 싶은 욕망이 있잖아요. 아이는 현실과 상상 사이의 경계선에 서 있습니다. 욕구는 있는데 이를 어떻게 해소할지 몰라 이야기를 지어내는 거죠. 그걸 '거짓말'이라고 생각하지 말고 자신이 원하는 것을 글로 표현한 것으로 보면 좋겠습니다.

　지어낸 이야기를 하면 안 된다고 할 게 아니라 아이의 눈높이에서 공감해주세요. 엄마는 어릴 때 무엇을 하고 싶어 했는지 이야기를 들려주어도 좋습니다. 초등학교 때 반장을 하고 싶었다거나 엄마도 다른 친구를 부러워했던 적이 있다며 그때를 회상해보고 얘기를 나눠봐도 좋습니다.

거짓말이니까 하지 말라고 하면 아이는 죄책감에 입을 다물지도 모릅니다. 대신 "네가 이런 걸 바라고 있구나. 엄마는 네 마음을 알 수 있어서 좋았어. 더 듣고 싶네. 왜 반장이 되고 싶은지, 그 물건을 왜 갖고 싶은지, 왜 그 음식을 먹고 싶은지 말해보면 어때?"라고 대화를 시작해보세요. 반장이 되고 싶다면 어떻게 해야 하는지 대화를 나누면서 방법을 찾아볼 수도 있고요. 물건이 필요한 이유에 대해 쓴 글을 본다면 설득될지도 모릅니다. 아이가 먹고 싶은 음식을 특별한 날 가족과 함께 먹으러 가는 날도 찾아올 테고요. 아이는 원하는 걸 말하고 글로 쓰고, 상상했던 일이 실제로 일어나는 걸 경험할 수 있게 되겠죠.

7장

소통하는 아이들,
공감하고
의견을 남기면서
격려한다

자기 주도적인 글쓰기

학교 수업 중 글쓰기 시간이 제일 싫다고 하는 아이들이 많습니다. 초등학교 4학년 시현이도 그랬습니다. 그러던 어느 날 시현이가 '나에게 도움이 된 어린이 글쓰기'라는 제목으로 글을 올렸습니다.

> 만일 어린이 글쓰기를 하지 않았더라면 예전처럼 내 생각을 정리해서 잘 쓰지 못했을 거예요. 학교에서 글쓰기를 할 때 다른 애들은 다 완성해가고 있는데 저는 그때까지도 생각을 정리하지 못했어요. 하지만 어린이 글쓰기를 한 뒤부터 다른 애들보다 더 일찍 하고 선생님께 칭찬도 받았어요. 글쓰기 귀찮은 날도 있고 하기 싫은 날도 있었지만 열심히 꾸준히 한 보람이겠죠?

생각을 표현하는 연습을 해보지 않은 아이들에게 글쓰기 시간은 공포로 다가옵니다. 종이를 채울 때까지 자리를 지키고 있어야 하니까요. 시현이는 어린이 글쓰기 프로그램에 참여한 후 자신이 어떻게 달라졌는지 그 변화를 발견했습니다. '글쓰기 때문에 내가 이렇게 잘하게 되었잖아'라며 힘든 날에도 자발적으로 움직인다고 합니다. 시작할 땐 겨우 몇 줄을 쓰던 매류초등학교 시현이가 나중에 쓴 시입니다.

매류 삼총사

정시현

우리는 매류 삼총사.
학교에선 안 논다.
우리는 학교 끝나면 논다.
물 만난 물고기가 따로 없다.

우리는 매류 삼총사.
학교에선 얘기도 안 한다.
우리는 학교가 끝나야 얘기를 한다.
우리의 수다는 끝이 없다.

우리는 매류 삼총사.
우리의 이름은 아무에게도 말하지 않는다.
다른 사람들은 우리가 친한지도 모른다.

우리는 학교에서는 서로 얘기도 안 하고 놀지도 않는다.

우리의 시간은 하교 뒤

학교가 끝난 뒤다.

우리는 함께 놀고, 먹고, 공부하고, 기다린다.

우리가 바로 매류 삼총사.

누가 뭐래도 동네 친구가 짱이다.

물속에서 뛰어노는 물고기, 파도타기를 즐기는 고래처럼 아이는 글을 가지고 자유롭게 유영합니다. 「매류 삼총사」라는 제목을 달아놓고 친구들이 비밀스럽게 뭉쳐서 노는 모습을 잘 보여주고 있습니다. 시현이는 '물 만난 물고기가 따로 없다'며 비유도 곧잘 해냅니다. '우리는 매류 삼총사'를 반복하면서 중심을 잡았습니다. '논다, 안 논다, 없다, 한다, 안 한다, 모른다, 기다린다'로 서술어를 바꿔가며 글에 변주를 줍니다. 글쓰기를 어렵게 느꼈던 아이라도 특정한 공간에서 시간 내에 써야 한다는 부담이 없어지면 이처럼 잠재되었던 상상력과 흥이 폭발합니다.

자기 글 중 하나를 골라 칭찬하는 날, 시현이는 주도적인 글쓰기에 대해 말합니다. "학교 갔다 오면 엄마가 '정시현, 글쓰기 해'라고 해서 너무 싫었는데 재밌어지니 알아서 하게 되더라."

글쓰기를 이렇게 신나서 할 수 있는 아이들인데 어른들이 오히려 두려워하게 만드는 게 아닐까요. 가만 놔두고 멍석만 깔아주면 되는데요. 한편 시현이는 매일 열심히 썼기에 자기 글 중 하나를 고를 수 없다고 말합니다. 모든 글을 함께 칭찬할 방법을 상황극으로 만듭니다.

(상황극 시작)

사회자: 지금부터 칭찬식이 있겠습니다. 오늘은 칭찬식에 시현 양과 함께 글쓰기를 한 노트북 양이 참석해주셨고요. 시현 양의 손을 책임진 마우스 군이 참석해주셨습니다.

관객: (짝짝짝)

사회자: 다시 돌아와 30일 동안 답답한 시현 양을 따라 글을 쓴 29개의 글에게 칭찬을 드립니다.

29개의 글: (흑흑) 감사합니다.

사회자: 다음 8기에도 활약해주시기 바랍니다.

아이는 29개 글에 대해 잘 썼다 못 썼다 고르지 않고 얼마나 즐겁게 썼는지만을 기억합니다. 노트북과 마우스도 친한 친구 목록에서 빼놓지 않았습니다.

시현 어머니의 말도 들어볼까요. 아이가 눈뜨자마자 컴퓨터로 달려가 친구들의 글을 읽으며 웃느라 정신이 없다고 합니다. 아이에게 글쓰기라는 말을 할 필요도 없어졌다고, 즐거워하는 모습을 이제는 그저 지켜볼 뿐이라네요. 글쓰기가 아이들을 행복하게 만드는 방법이었네요.

서로 댓글을
주고받으며 소통하기

'친구 따라 강남 간다'는 말은 어린이 글쓰기 세상에서도 통합니다. '매일 글쓰기를 하라고요?' 놀라던 아이들이 좋아하는 친구들과 같이할 수 있다는 말에 금방 넘어갑니다. 글쓰기 프로그램에 참여하면 '30일 후에 선물을 줄게', '맛있는 걸 사줄게', '게임 시간을 30분 늘려줄게'라는 엄마의 유혹에도 할까 말까 고민하던 아이들인데 친구와 함께한다는 말에 웃으면서 글쓰기 카페에 들어옵니다.

겸지는 친구를 좋아하는 아이입니다. 배꼽 친구를 시작으로 네 명의 친구와 친구의 동생 두 명이 차례차례 모였습니다. 인서는 겸지와 한 달 동안 글쓰기를 한 후 마지막 날 소원을 빕니다. "겸지랑 같은 반 되기를 빌고 또 빕니다."

겸지 친구 인서의 간절한 바람을 읽고 선생님은 꼭 같은 반에 배정해주기로 했습니다. 겸지는 0일 차 자기소개 하는 날에 글쓰기 친구 27명의 글에 모두 환영 댓글을 남겼습니다. 선생님처럼 부지런히 친구들의 글을 읽으면서 '잘 썼다', '파이팅'을 외치고 좋은 점을 이야기합니다. 겸지의 환대가 퍼져나가 이미 알고 있는 친구, 새로 알게 된 친구 할 것 없이 친구를 맞이하며 깔깔 웃습니다.

6학년 시연이가 좋아하는 책과 함께 소개글을 마치면서 "여러분들 텐션이 정말 대단하네요."라고 남기자 댓글이 이어집니다. "많이 하다 보면 텐션 높아져.", "저도 로얄드 달 작가님의 책 좋아해요~ 너무 재밌더라구요~", "나도 해리포터 좋아해." 댓글에 '재미'와 '좋아요'라는 말이 계속 올라옵니다. 아이들은 글쓰기 카페에서 재미있게 노는 사이 글쓰기와 책을 좋아하게 됐다고 말합니다.

새로 참여하는 선유는 이틀 뒤 글쓰기 카페 낙서장에 '인서 그리고 겸지, 어린이 글쓰기 11기 여러분에게'라는 제목으로 편지를 보냈습니다. 선유는 인서와 겸지에게 첫날 받은 환영의 기쁨을 전하고 싶었나 봅니다. 낙서장은 아이들의 글쓰기 놀이터인데요. 선생님은 관여하지 않고 적당한 거리를 두고 지켜보는 공간입니다. 겸지는 새로 온 선유의 글에 감사의 댓글을 달고는 초록색 하트 3개를 붙였습니다. 하루도 빼놓지 말고 쓰라는 당부도 잊지 않았죠.

몇 줄 쓰기로 시작한 아이들은 몇 달 뒤에 글쓰기 분량을 열 배 이상 더 늘리기도 하고 하루에 글 한 개 올리기가 아쉽다며 두 개씩 쓰는 아이도 나왔습니다. 한 기수가 종료하고 다음 기수 오픈힐 때까지 얼흘 정도 쉬는데, 그동안 '만약 내가 꼬마 니콜라와 친구가 된다면'이라는 책 소개글을 올린 아이도 있었습니다. "낙서장에 올린 글은 선생님이 피드백을 남기지 않아요. 친구들끼리 칭찬해주세요."라고 안내하자 한 아이가 댓글로 피드백합니다.

> ┗ 선생님 대신 내가 글을 써. 와! 꼬마 니콜라와 친구가 된다는 상상을 했구나! 칭찬도 해주고, 선물도 주고, 간식도 주고. 우아! 상상 많이 했네! 꼬마 니콜라가 겸지를 만나면 엄청 좋아할 것 같아! 글쓰기가 끝났는데도 글을 쓰려는 이 열정! 참 대단해!

처음 글쓰기 카페에 온 부모님들은 낙서장에 올라온 수많은 글을 보고 어리둥절해합니다. 아이들을 이렇게 풀어놔도 될까 걱정인 거죠. 아이들도 마찬가지입니다. '이렇게 놀아도 될까' 하고 처음에는 의아해합니다. 물론 자유로운 분위기에서 진행하는 이 방식을 받아들이기 어렵다는 분도 있습니다. 낙서장 때문에 글쓰기 카페가 불안해 보일 수 있다고요.

하지만 낙서장은 사실 안심해도 좋은 공간입니다. 선생님은 물론 아이와 함께 카페에 가입한 수십 명의 부모님들이 함께하니까요. 모든 학부모가 글쓰기 카페에 자주 들어오는 건 아니지만 누군가는 늘 아이들을 지켜봅니다. 아이들이 안전하게 노는지 살피다가 높은 곳에서 떨어질 것 같으면 받아주고, 뛰다가 넘어지면 툭툭 털고 일어날 때까지 지켜봐주고, 아파서 계속 울고 있다면 상처를 소독하고 달래주지요. 아이들은 어른들의 든든한 후원을 받으며 자유롭게 글을 씁니다.

아이들은 단순히 친구를 만나고 싶어서 카페에 올 때도 많습니다. 친구와 공식적으로 오래 놀려면 카페에서 글쓰기를 하는 것이 제일 좋은 방법이거든요. '오늘 이 친구는 어떤 글을 올릴까', '난 어떤 칭찬을 해줄까', '내 글은 누가 읽을까', '친구들이 내 글을 보고 뭐라고 이야기할까' 친구와 노는 연결고리가 글이 됩니다. 서로 잘 썼다고 말하는 동안 글쓰기가 힘들었다는 걸 싹 잊어버립니다. 이곳에서 글쓰기는 친구들과 함께하는 놀이와도 같습니다. 다른 일이 있어 글을 올리지 못했다며 다음 날 아침 학교 가기 전에 글을 쓰겠다고 알람을 켜놓고 자는 아이도 있습니다. 1년 내내 쉬지 않고 매일 글을 쓰는 아이도 등장합니다. 반신반의하던 엄마들도 이제 아이들을 믿습니다. 겸지 엄마의 이야기입니다.

"처음 한 달 해보면서 좋다는 확신이 들었고 주변에 소개도 하면서 지금까지 오게 되었어요. 어제 겸지에게 '네가 이제 생각하는 게 참 많이 깊어졌구나'라고 말해주었더니 아이 왈, '이게 다 글쓰기 덕분이에요. 이제 무슨 문제가 생기면 어떻게 해야 할지 방법을 찾게 되었어요' 하더라고요.

엄마로서 일일이 다 가르쳐주지 못하고 함께하지 못할 때가 많은데 선생님들이 내주시는 글쓰기 주제로 아이가 생각하는 힘을 기를 수 있었어요. 아이들의 생각 조각들을 볼 수 있는 낙서장을 보면 저의 학창 시절도 떠오릅니다. 사소한 것 같지만 그 안에서도 아이들이 자라나고 보이지 않는 열매들을 맺어가고 있는 것 같아요. 그동안 아이가 남긴 발자취를 보며 응원해주고 믿어주는 게 정말 중요하구나 생각했습니다."

글쓰기로 상대방을
설득할 줄 아는 아이

아이들은 원하는 게 있을 때 보통 부모를 조릅니다. 게임 시간을 늘려달라거나 핸드폰을 사고 싶다고 말이죠. 여러 번 졸라보지만 웬만해서는 통하지 않습니다. 학원을 그만두고 싶어하는 초등학교 3학년 아이는 "이제 엄마에게 더 이상 조를 힘이 없어요."라고 말합니다. 아이는 말로 부모를 설득할 역량이 모자랍니다.

말 대신 글을 통해 설득할 힘을 키운다면 어떨까요? 어린이 글쓰기 프로그램에서 아이들은 매일 다른 주제로 자기 생각을 표현하는 연습을 합니다. 나들이했던 경험이나 걱정되는 일에 대한 이야기를 하기도 하고, 친구와 싸웠다면 왜 싸웠는지 마음을 들여다보기도 하죠. 불만이 있을 때는 자기 마음을 어떤 마음과 바꾸고 싶은지에 대해서도 글을 씁니다. 어떤 상황이 생겼을 때 자기 생각을 글로 표현하는 연습을 꾸준히 합니다.

리원이는 '강아지 키우기'라는 꿈을 갖고 있습니다. 간절히 바라지만 아빠의 반대에 부딪쳐 어려움을 겪고 있습니다. 어느 날 리원이는 '강아지 구경하러 간 날, 심장을 폭격당했습니다'라는 글을 썼습니다. 말이 아니라 글로 부모를 설득하겠다는 계획인 거죠. 강아지를 키우고 싶다고 여러 번 이야기했으나 부모님이 꿈쩍도 하지 않았거든요.

강아지를 보러 갔다가 첫눈에 반한 리원이는 아빠 설득 작전에 들어갔습니다. 저도 뒤에서 아이를 지원하기로 했습니다. 강아지를 구경하러 간 날, 리원이가 얼마나 가슴이 뛰었을지 공감하는 글로 응원했죠.

며칠이 지났습니다. '강아지 좀 키우자'라는 제목의 글이 올라왔습니다. 동생과 엄마는 리원이와 같은 마음이었습니다. 아빠만 설득하면 되는데 어려움이 많았습니다. 리원이는 아빠를 나름 분석해서 치밀한 전략을 세웁니다.

첫째, 아빠 뽀뽀에 짜증 내지 않기

둘째, 아빠와 「개는 훌륭하다」라는 프로그램 보지 않기

셋째, 뉴스 볼 때 조용히 있기

넷째, 아빠 말 잘 듣기

다섯째, 아빠가 술 마셔도 화내지 않기

아빠 맞춤형 방법입니다. 왜 그런 전략이 필요한지 이유도

같이 적었습니다. 리원이는 부모를 설득하려면 간절한 마음과 노력 모두가 필요하다는 걸 알고 있습니다. 그래서 두 가지 목적으로 글을 씁니다.

첫째, 무엇을 어떻게 할지 구체적인 계획을 세우기 위해서
둘째, 아빠와 자기와의 관계에서 변화를 일으킬 방법을 점검하기 위해서

리원이는 첫 번째로 뽀뽀 문제를 골랐습니다. 밤에 술 마시고 들어온 아빠가 뽀뽀할 때마다 짜증을 냈는데요. 하나를 주고 다른 걸 받겠다며 양보할 준비를 합니다.

두 번째, '「개는 훌륭하다」를 시청하지 않기'도 필요한 사항입니다. 말썽부리는 개들만 등장하는 프로그램이기에 볼수록 아빠에게 개에 대한 부정적인 인식을 심어줄 거라고 계산합니다.

세 번째, '뉴스 볼 때 조용히 있기'도 마찬가지입니다. 집에서 TV 리모컨을 누가 쥐느냐로 가족 중 누구에게 권력이 있는지 알아보는데요. 보통 때 같으면 아빠가 뉴스 볼 때 바로 예능으로 채널을 돌렸지만 "아빠한테 잘 보여야 하니까 TV 볼 땐 고통스러워도 그냥 뉴스를 봐야 합니다."라며 TV 채널 선택권을 아빠에게 넘겼습니다. 평소 보고 있던 뉴스를 리원이가 중지하고 다른 데로 틀 때마다 기분이 나빴을 거라고 아빠 마음을 헤아려봅니다.

'아빠 말 잘 듣기'나 '아빠가 술을 많이 마셔도 화내지 않기'도 비슷합니다. 아빠가 원하는 대로 맞춰주면 아빠 생각이 바뀔지도 모른다고 기대했습니다.

제 고민은 '어떻게 피드백을 하면 아이를 격려하면서도 부모님이 부담을 느끼지 않도록 응원할 수 있을까?'였습니다. '이렇게 쓰면 부모님이 소원을 들어주실 것 같다'고 앞서가면 안 되니까요. 집에 반려견을 받아들이는 데는 큰 결심이 필요합니다. 아이가 아무리 열심히 돌보겠다고 약속해도 부모님이 책임져야 할 부분이 크니까요. 저는 부모님에 대한 이야기는 하지 않고 리원이가 쓴 내용만 가지고 피드백했습니다. 강아지를 키우기 위해 아빠를 설득할 다섯 가지 아이디어를 생각해내고, 아빠가 좋아할 것들을 면밀하게 연구했다는 점을 칭찬해주었습니다. 저는 리원이가 부모님을 재촉하지 않고 천천히 자기 생각을 정리해 나가기를 바랐습니다.

리원이는 다음 날 임시 보호소에 가서 강아지를 구경하고 온 글을 올렸습니다. '잘하면'이라고 작은따옴표로 강조하면서 키울 수 있을지도 모른다고 했는데요. '아빠'를 한 문장에서 다섯 번 반복하면서 글자 크기를 점점 크게 했네요. 아이의 간절한 외침이 아빠의 가슴에 점점 크게 와닿을 것 같았습니다. 리원이는 만일 강아지를 키우게 된다면 어떻게 잘 돌봐줄 것인지에 대한 구체적인 계획과 결심을 써서 부모님을 안심시켰습니다. 신뢰를 심어줄 타이밍이라는 걸 알았나 봅니다. 이것만으로는 부족하다고 느꼈을까요. 아이는 "나는 아직 사춘기가 안 왔다. 그런데 아빠가 안 키운다고 하면 나는 아빠한테만 사춘기가 올 것이다."라고 협박성 어조로 마무리합니다. 이 글을 본 아빠의 입가에 미소가 번지는 게 그려집니다.

이번에는 "글쓰기의 힘이 아닐까요."라는 문장으로 댓글을 시작하면서 자기 글이 어떤 영향력을 가졌는지 이야기했습니다. 아이의 글을 보고 감탄하고 있을 부모의 모습이 떠올랐습니다. 아이의 필력은 폭발하고 있었습니다.

다음 날 '내가 무서워하는 것'이라는 주제로 글감이 나가자 리원이는 "강아지 키우지 마."라는 아빠의 말을 듣기 두렵다고 이야기합니다. 아빠가 '키우지 마'에서 마지막 한 글자를 빼서 '키우지'라고 바꾸기를 기도한다고 말합니다. 리원이는 눈물을 쏟아내는 이모티콘으로 글을 마무리했는데요. 며칠 뒤 리원이는 '드디어'라는 제목으로 자유 주제를 올렸습니다. '여름'이라는 강아지를 키우게 되었다는 소식과 함께 사진으로 모습을 전했죠. 소원이 이루어져서 얼마나 기쁜지와 여름이를 엄청나게 사랑해줄 거라는 다짐을 담았습니다.

결국 아이는 글쓰기로 아빠를 설득했습니다. 간절한 바람을 글쓰기라는 강력한 무기를 이용해 이루었죠. 아이가 이런 글을 쓴다면 부모님이 끝까지 버티기 어려울 듯합니다. 말은 흩어지면서 희미해지지만 글은 가슴에 남습니다.

리원이는 글을 쓰면서 자기가 무엇을 원하는지 들여다보았습니다. 욕구를 살피고 무엇을 해야 하는지 실행 계획을 짰습니다. 아빠와의 관계를 어떻게 만들어가야 하는지 연구하고 원하는 걸 말로만 해서는 이루어지지 않는다는 '중요한 사실'도 깨닫습니다. 상호 간에 협의를 이끌어가고 채워야 할 빈자리를 찾습니다. 부모의 마음을 읽는 연습도 합니다. 글을 쓰면서 수없이 다짐했기에 리원이는 강아지를 소홀하게 돌보지 않을 겁니다.

글쓰기 실력이
업그레이드되는
함께 쓰기

1년 넘게 매일 글쓰기를 하는 아이들이 있습니다. 어린이 글쓰기 1기는 열두 명의 아이들이 참여했는데요. 모두가 같은 길을 가지는 않았습니다. 그중 절반은 몇 개월 지속하다가 그만두고 세 명은 1년 가까이 하다가 멈췄습니다. 남은 세 명이 계속 글쓰기를 이어갔는데요. 그중 은유는 2년 1개월 넘게 계속하고 있습니다. 서윤이와 지원이는 중학교에 가기 전 1년 2개월이 넘는 기간 동안 단 하루도 빼놓지 않고 글을 올렸습니다. 30일도 아니고, 100일도 아니고, 무려 405일 동안이었습니다. 어떻게 이런 일이 가능했을까요. 어른도 쉽지 않은 일입니다. 중간에 슬럼프가 있었는데도 이 아이들을 꾸준한 글쓰기로 이끌어준 동력은 무엇일까요?

1기 마지막 날, 자신에게 보내는 편지에서 6학년 서윤이는 이런 이야기를 들려주었습니다.

> '처음에는 어떻게 30일이나 그것도 매일 글을 쓰지?' 하고 걱정
> 했는데 해보니까 재미있어서 계속하게 되더라. (중략) 다음에 또
> 글쓰기를 한다면 그때도 이번만큼 파이팅!

다음은 6학년 지원이의 편지입니다.

> 1개월 동안 하루도 빠짐없이 쓴 내가 뿌듯하다. 이렇게 글쓰기를
> 매일 조금씩이라도 하면 분명 어딘가엔 도움이 될 거야. 2월도
> 알차게 보내고.

1년 넘게 매일 쓴 서윤이와 지원이의 소감은 크게 다르지 않
습니다. 그런데 두 아이의 접근 방식은 각각 달랐습니다.

서윤이는 카페 활동을 적극적으로 했습니다. 기수가 지날수
록 카페 방문 횟수를 늘리면서 아이들과 소통했죠. 1기 때는
카페에 115회 들어왔는데, 9기에는 209회, 10기에는 233회로
계속 올라갔습니다. 친구들의 글을 읽고 배울 점을 찾고, 적극
적으로 댓글을 남겼습니다.

> ㄴ 글을 잘 쓴다고 해서 내 글에만 매달릴 것이 아니라 다른 사
> 람들의 글을 읽어보는 것도 참 좋은 일인 것 같아. 그러면 글 쓰
> 는 실력도 늘거든. 너도 10기에서도 다른 사람들 글을 많이 읽어
> 보길 바란다!^^

서윤이는 스스로를 칭찬하면서 다른 아이 글에도 관심을 보이면 좋겠다고 이야기합니다. 선생님이 글을 잘 쓰는 방법을 알려주지 않아도 친구들의 글을 보고 스스로 배워 나갑니다.

서윤이는 오랫동안 문단 나누기를 하지 않고 글쓰기를 했습니다. 저는 문단 나누기를 하라고 지도하지 않았습니다. 서윤이가 언젠가 스스로 할 것임을 믿었거든요. 새로운 걸 알아내고 즐거움을 느낄 기회를 뺏고 싶지 않았습니다. 어느 날 서윤이는 "처음에는 문장, 문장, 다 새로운 줄로 썼는데, 지금은 문단을 만들어 써. 읽기도 편해."라고 달라진 점을 말합니다.

만일 혼자였다면 외롭고 지쳐서 그 긴 시간을 즐기면서 쓰지 못했을 거예요. 누군가 자기 글을 읽고 공감하고, 소통하는 즐거움이 있었기에 가능했던 거죠. 서윤이는 자기 글이 어떻게 달라졌는지도 매달 비교합니다.

처음 글쓰기를 시작했을 때는 정해진 주제를 가지고 의견을 낸다는 것이 참 어려웠지. 학교에서 글을 써본 게 다인 나는 '독서 감상문'이나 '일기' 정도만 써봤으니 말이야. 지금은 이런 글을 쓰는 것이 어렵지 않아. 주제를 보고, 첫 줄에 쓸 말을 결정하면 쉬지 않고 써 내려가지. 20분이면 완성되는 내 글을 볼 때마다 신기해. 어떻게 이렇게 빨리 쓸까 하고 말이야. 글의 양도 많이 늘었더라. 처음에는 내용이 없었고, 같은 말만 되풀이해가며 내용을 늘렸는데 지금은 아니잖아.

글쓰기에 대한 두려움을 날려버린 서윤이는 잠시만 생각해도 글감이 쏟아져 나온다고 합니다. 어느 날 동생들이 나도 언니처럼 잘 쓰고 싶다고 하자 예전에 썼던 글 중 '나만의 글쓰기 레시피 12개'를 소개합니다. 서윤이에게 한 수 배운 한 동생은 "언니, 한 달 동안 내내 많이 보고 배우게 해줘서 고마워. 언니 덕분에 더 잘 쓰게 되었어. 언니는 내 우상이야. 고마워, 우와. 언니 너무 잘 썼어. 언니 덕분에 글을 쓰게 된 것 같아. 고마워 ~!!^_^"라고 화답하는 글을 남겼습니다.

지원이는 카페에 자주 들어오지 않았습니다. 자기 글을 쓸 때나 관심 가는 친구의 글을 보고 싶을 때만 클릭합니다. 댓글을 남기지 않고 조용히 읽습니다. 다른 친구들도 지원이 글에 거의 반응하지 않습니다.

그러던 어느 날 지원이가 "저는 아프거나 힘든 아이들을 도와주고 싶습니다. 어른들도 버티기 힘든 고통을 어린아이들이 감당하기에는 너무 큰 아픔이기 때문입니다."라는 글을 올렸는데요. 글쓰기 친구들이 "사람을 도와주는 일을 하고 싶다니 참 멋지다."라며 찾아왔습니다. 서로 이야기하지 않아도 다들 지원이가 노력하는 모습을 지켜보고 있었던 거지요. 아이들은 모여 있기만 해도 서로에게 힘이 되나 봅니다. 지원이에게도 그 에너지가 전달되면서 어제에 이어 오늘 그리고 내일도 쓰겠다고 결심했을 거예요. 지원이는 더 많이 쓰려고 애쓰지 않았습니다.

물이 흘러가듯, 꾸준히 조금씩, 매 기수 한결같은 모습으로 '흔들리지 않고 매일 쓰겠다'는 목표를 향해 나아갔습니다.

서윤이와 지원이의 글쓰기 카페 이용법은 달랐지만 자신을 믿고 격려했다는 점에서 보면 같습니다. 언제나 같은 온도로 자신에게 응원의 박수를 보냈습니다. 다른 사람의 시선에 연연해하지 않고 각자의 속도대로 밀고 갔습니다. 있는 그대로 인정하고, 남과 비교하지 않고 자기 성향대로 해냈습니다. 서윤이와 지원이 모두 원하는 일이 무엇이든 잘해낼 거라고 믿습니다. 글쓰기는 평생 친구로 아이들 옆에 있겠지요. 10년, 20년에는 뒤 어떤 모습일까 눈을 감고 상상해봅니다. 글쓰기를 사랑하면서 다른 사람을 도와주고 세상을 더 아름답게 만들어가는 어른의 모습이 떠오릅니다.

아이 글 칭찬하는 법, 마법의 댓글 예시

그림책 『중요한 사실』(보림, 2005)을 읽고 삶에 대한 중요한 통찰을 보여준 다희에게

　└ "삶에 대한 중요한 사실은 우리가 살아가고 있다는 것이다." 마치 철학자가 쓴 문장 같습니다. 글을 열심히 쓴 보람이 있네요. 생각이 많이 깊어졌습니다. 삶에서 행복만이 아니라 슬픈 순간까지 소중히 여겨야 한다는 문장이 마음에 와닿아요. 삶이 원하는 바대로 흘러가지 않는다는 중요한 사실을 알려주었습니다. 무슨 일이 있어도 속상해하지 말고 각자의 삶을 소중히 여기라는 조언 잘 들었습니다. 슬플 때나 포기하고 싶을 때 다희의 글을 꺼내 보면서 내 삶을 소중히 여기는 마음을 키워야겠습니다.

그림책 『내 이웃은 강아지』(청어람주니어, 2010)를 읽고 부모에 대해 쓴 은솔에게

　└ "부모 그러니까 어른들은 우리보다 오래 살았다."라는 첫 문장이 의미심장해요. 뒤에 어떻게 전개될지 궁금합니다. "그런데 어린 우리마저 고정관념이 있는데 우리보다 경험이 풍부한 어른들은 고정관념이 더 많지 않을까." '부모'와 '그런데'를 한 줄에 쓰고 이어지는 문장을 다음 줄로 넘기니까 그 여백이 말을 멈추었다가 시작하는 분위기를 만들었습니

다. "그들에게 그 누가 어떻게 말하든 그들의 '확고한 의식이나 관념'은 잘 변하지 않는다는 것이다." 고정관념이란 무엇인지 은솔이의 언어로 그 의미를 잘 설명했습니다. 글쓰기 실력이 날로 발전하는군요.

『전봇대는 혼자다』(사계절, 2015)의 '넘어선, 안 될 선'이라는 제목으로 시를 쓴 보민에게

ㄴ 선을 사이에 두고 신경전 벌이는 모습을 생생하게 묘사했습니다. 하지 말라는 말을 들으면 더 넘어가고 싶고, 상대방은 점점 더 화를 내게 되는 상황이네요. 선을 앞에 두고 벌어지는 심리 전쟁이 드라마틱합니다. "메롱~ 푸하하하 돼지!" 이렇게 놀리면 정말 속이 부글부글할 것 같아요. 친구들에게 무시당하는 기분이 들면 마음이 어떻게 변하는지 생생하게 보여주었습니다. "넘.었.다."와 "넘.는.다."사이에 점을 찍어서 시선을 집중하게 했네요. '넘었다'와 '넘는다'로 과거에도 선을 넘었고 지금도 선을 넘는 모습으로 대조해서 계속 긴장감이 흐르게 만들었어요.

『손도끼』(사계절, 2001)를 읽고 추천하는 소개글을 쓴 강환에게

ㄴ '강력 추천'에 어울리는 책 소개입니다. 100점 만점이라고 강환이가 할 만하네요. 몰입해서 읽었습니다. "저는 '하늘이 무너져도 솟아날 구멍은 있다'와 '호랑이 굴에 끌려가도 정신만 차리면 살아남을 수 있다'는 것은 이 책에 딱 맞는 속담이라 생각합니다." 주인공이 고통에서 어떻게 빠져 나왔는지를 속담과 잘 연결했습니다. 강환이의 글을 읽고 방금 전 책을 구입했습니다. 책을 사게 하는 글이라면 최고의 서평이지요.

글쓰기 기수 마지막 날 칭찬하는 글감에서 반성의 글을 남긴 은유에게

ㄴ "글쓰기를 안 해서 뿌듯하지도 않고 성취감도 없어요."라는 답변을 보고 정말 많이 웃었답니다. 나름 열심히 했다고 해도 빈칸이 있거나 사정이 있어서 잘하지 못하면 기분이 안 좋아지지요. 글쓰기를 다 하지 못한 친구들이 은유 글을 봤다면 속이 시원해지겠는걸요. 선생님도 그런 기분을 느낄 때가 있어서 공감할 수 있습니다. 자신을 응원하고 마음을 다독이는 글도 좋지만 이렇게 솔직한 심정을 말할 수 있는 글도 좋아요. "다음 기수에 엄청 엄청 열심히 할 거예요!" 기쁜 소식입니다. 강아지 모양 메달을 받고 싶다고 해서 계속 찾았는데 없어서 대신 하트를 들고 있는 강아지를 보냅니다. 은유 글 때문에 많이 웃었어요. 매번 위트 있게 쓰는 은유의 글을 이번에도 재미있게 봤습니다. 항상 은유의 글쓰기를 응원합니다.

글을 고쳐주어야 하지 않을까요?

Q. 글쓰기 프로그램에 참여한 지 석 달이 되었습니다. 선생님이 아이 글에서 매번 좋은 점을 골라 칭찬해주셨는데요. 틀린 부분에 대해서는 이야기를 하지 않으시더라고요. 수정해야 할 부분을 선생님이 알려주면 아이가 잘못된 부분을 고치면서 어떻게 글을 쓰는지 배워 나갈 수 있을 것 같은데 아이 글을 수정해줄 수 있을까요?

A. '고칠 부분에 대해 코칭해준다면 아이 글이 더 많이 좋아질 것 같은데' 하면서 아쉬우셨지요. 아이가 글을 잘 쓰면 좋겠다는 부모님의 마음이 느껴집니다. 저도 글쓰기 프로그램을 시작하고 운영 기준을 정하면서 한참 동안 고민했던 부분입니다. 물론 수정할 사항을 알려주면 아이 글은 좋아지겠죠. 하지만 그 효과는 작은 면에서만 작용할 겁니다. 대신 잃어버리는 측면은 큽니다. 아이들은 틀렸다는 지적을 받으면 글쓰기를 부담스럽게 여깁니다. 아이가 꾸준하게 글을 쓰도록 이끌어주는 게 중요한데, 시작부터 어렵게 만드는 거죠.

성인 대상으로 서평 쓰기 수업을 할 때도 비슷해요. 고칠 부분을 지적하면 어른들도 긴장합니다. '나쁜 습관을 고쳐야 하고, 이렇게 잘 써야 한다'와 같은 생각이 글쓰기 하는 마음을 무겁게 만듭니다. 글쓰기가 즐거운 활동이라는 걸 느끼기도 전에 잘 못 한 게 먼저 떠오르기 때문이죠. 글쓰기를 힘겹게 하고 있는데 그 위에 고칠 부분이라는 무거운 짐이 올라가니 재미를 느낄 기회가 사라집니다. 수정할 내용 하나를 배우고 글쓰기 세계에서 두 걸음 멀어지는 장면을 떠올려보세요. 그러다가 아예 글쓰기가 싫어지고 생각하는 폭과 상상하는 영역이 좁아질지 모릅니다. 글쓰기 형식이나 맞춤법을 정해놓고 일정 방향으로 첨삭하면 아이들이 옆길로 새지를 못해요. 정해진 길만 열어두고 꽉 막아버리면 아이들은 새로운 길, 다른 사람이 한 번도 가보지 못한 영역으로 발을 내디딜 수 없어요. 틀려도 좋고 어떻게 무엇을 써도 괜찮다고 기준을 내려놓으면 개성이 다양한 글들이 나옵니다..

글을 고치는 경험, 틀을 익히는 연습은 나중에 언제라도 할 수 있습니다. 책을 낸 작가도 계속 문장 만들기 연습을 하고, 맞춤법 책을 보며 공부합니다. 초등학생 때는 공부처럼 다가가는 글쓰기가 아니라고 느껴야 정형화된 틀에 갇히지 않아요. 맞춤법에 맞지 않게 쓰거나 단락 나누기를 하지 않아도 괜찮습니다. 자기 생각을 마음껏 펼칠 수 있도록 개입하지 말아주세요. 하고 싶은 말을 자유롭게 표현하는 어른으로 자랄 수 있도록이요.

8장

초등 온라인 글쓰기 전략

글쓰기 세상을
종이 안에 가두지 말자

아이들을 글쓰기 세상으로 들어가지 못하게 막는 벽은 생각보다 많습니다. 손 글씨로 종이에 바르게 쓰기, 맞춤법에 맞게 쓰기, 정해진 시간 안에 쓰기, 지우고 다시 쓰기가 대표적입니다. 초등학교 저학년 때 아이들은 대부분 글씨를 잘 못 씁니다. 그런 아이들에게 글쓰기를 할 때 글씨까지 또박또박 잘 쓰라고 해서는 즐거운 마음을 느낄 틈이 없습니다. 그러다 보면 점차 글쓰기를 꺼리게 되겠지요. "글쓰기 싫어요."라는 아이들의 말은 사실 "글자를 똑바로 쓰는 연습을 하고 싶지 않아요."일 때가 많습니다. 저학년은 물론이고 고학년도 마찬가지입니다. 저학년인 경우에는 글쓰기 자체를 시작하기 어렵게 만들고, 고학년의 경우에는 느긋하게 길게 써볼까 하는 마음을 없앱니다.

그런데 만약 아이들에게 종이와 연필 대신 컴퓨터와 키보드를 주면 어떻게 될까요. 아이들은 종이에 쓸 때와는 달리 글쓰기를 놀이처럼 다가갑니다. 글씨 쓰는 연습을 하다가 글을 쓰는 게 아니라 타자 치는 놀이를 하다가 '생각하는 힘'을 기르게 되는 것이죠.

『포노 사피엔스』(쌤앤파커스, 2019)를 보면 요즘 세대를 스마트폰이 낳은 신인류라고 말합니다. 저자의 정의에 따르면 아이들은 이미 스마트폰을 신체의 일부처럼 여기는 '포노 사피엔스'입니다. 위험한 상황에서 꼭 필요한 물품을 넣는 생존 가방에 무엇을 넣겠냐고 주제를 냈을 때 아이들은 글쓰기를 하기 위해서 '태블릿이나 자판을 가져가겠다'고 답합니다. 그런 아이들이니 '종이에 써야 한다'는 규칙을 없애주면 글쓰기 세상으로 들어가는 입구가 넓어집니다. 노트에는 몇 줄만 쓰던 아이들이 컴퓨터 앞에 앉아서 매일 글쓰기 분량을 늘려갑니다. 사실 글씨 쓰기 연습은 글쓰기 시간이 아니더라도 다른 공부를 할 때 할 수 있잖아요.

아이들은 컴퓨터, 태플릿, 휴대폰을 손에서 놓고 싶어 하지 않습니다. 그런 기기들은 아이들 손을 자연스럽게 끌어당기는 힘을 갖고 있어요. 종이는 글쓰기를 숙제로 여기게 하지만 전자기기는 글을 자유롭게 쓸 수 있는 친구처럼 느끼게 합니다. 또 종이라면 다 쓸 때까지 앉아 있어야 할 것 같은 부담감을 주지만 온라인상이라면 생각이 잘 떠오르지 않거나 다른 일 때문에 자리를 떴다가도 언제든지 다시 와서 글을 이어가기 쉽습니다. 아이들이 여행을 갔을 때조차 태블릿이나 핸드폰으로 뭔가를 쓰는 걸 보면 알 수 있죠. 만약 노트에 글을 쓰는 도중에 여행을 갔다면 그 글은 완성되지 못했을 겁니다. 노트를 들고 여행 가고 싶진 않았을 테고, 돌아와서는 쓰고 싶은 마음이 사라졌을 테니까요.

또한 전자기기를 이용하면 지우개로 지우고 다시 쓰지 않아도 된다는 장점이 있습니다. 어느 부분을 잘못 썼을 때 지우개로 지워야 한다는 생각은 글쓰기를 할 때 심리적인 압박으로 작용합니다. 쓰고자 하는 내용을 한 번에 쓰기란 어렵지만 지우는 행위 자체가 힘들게 쓴 글을 없애는 느낌을 주거든요. 반면 전자기기는 글을 고치고 싶을 때 자판을 눌러 바로 바꿀 수 있습니다. 수정하고 있다는 생각조차 들지 않을 정도로 글을 고쳐쓰기가 쉽습니다. 글을 완성한 후에도 몇 번이나 다시 읽으면서 고쳐 썼다는 아이들을 많이 만납니다. 부모님이나 선생님이 다시 쓰라고 하면 싫은 마음이 앞서는데, 자기가 알아서 할 때는 뿌듯함이 찾아오지요.

또 온라인 글쓰기를 하면 자기 글을 다른 각도로 볼 수 있게 합니다. 노트에 쓰면 누군가에게 보여주지 않는 이상 혼자만의 글이 되는데, 컴퓨터나 태블릿, 휴대폰으로 글을 써서 인터넷에 올리면 다른 사람도 볼 수 있잖아요. 온라인상에 글을 올려봤던 아이들은 키보드를 두드리는 순간부터 다른 사람에게 보여질 걸 염두에 둡니다. 가족이나 선생님 외에 다른 누군가가 자기 글을 읽을 수도 있다는 사실은 아이들을 글쓰기에 주도적으로 참여하게 합니다. 자기도 모르는 사이에 글쓰기 본능이 자극되는 거죠. 온라인 글쓰기 세계로 들어갈 때 아이들은 글쓰기에 대한 불편함, 거부감, 지루함, 두려움의 벽을 무너뜨리게 됩니다. 대신 그 자리에 편리함, 주도성, 표현 욕구, 즐거움이 들어갑니다.

학교 교과 과정에서도 글쓰기의 중요성이 계속 강조되고 있는데, 글쓰기를 어려워하고 싫어하는 아이들은 왜 그렇게 많을까요? 어떻게 해야 쉽게 글쓰기를 시작할 수 있을지 아이들에게서 그 답을 찾아봐야 합니다. 지금의 아이들은 몇 살 되지 않을 때부터 휴대폰과 태블릿을 접해왔습니다. 종이에 또박또박 쓰지 않아도 괜찮다고 해야 자기 생각을 자유롭게 풀어놓을 수 있습니다.

아날로그 환경이냐 디지털 환경이냐. 아이들이 무엇을 원하는지 성향을 살펴보았으면 좋겠습니다. 이미 글쓰기에 두려움을 갖게 된 아이들은 아무리 선생님이 지도하려고 애를 써도 쉽게 글쓰기 세계로 들어가지 못합니다. 아이들에게 종이가 아닌 디지털 세계의 입구를 열어주세요. 글쓰기 앞에서 주저하던 아이들의 마음이 살아서 움직이도록이요.

카페냐 블로그냐,
온라인 글쓰기 어디가 좋을까?

온라인 글쓰기를 할 때 장단점을 살펴보고 아이에게 맞는 채널을 결정하면 좋겠습니다. 어른들도 마찬가지인데요. 한번 글쓰기 채널을 정하고 나면 나중에 다른 쪽으로 이동하기 어렵습니다. 아이들이 글을 올릴 수 있는 온라인 공간으로 카페와 블로그를 소개합니다.

카페

먼저 카페입니다. 카페는 아이들이 모여서 같이 쓰는 공간입니다. 함께 글을 쓰는 즐거움을 누릴 수 있습니다. 아이들이 글쓰기 공동체에서 지내는 셈이죠. 어린이 작가들이 모였다고나 할까요. 카페는 대상을 정해서 모일 수 있다는 장점이 있습니다. 부모님들은 온라인에서 아이들이 누구를 만나는지 알 수 없어 염려하시잖아요. 카페는 공개 카페와 비공개 카페로 설정할 수 있고, 비공개라면 글쓰기를 같이할 회원에게 초대장을 전달하는 시스템으로 운영할 수 있습니다. 공개 카페인 경우도 승인을 거쳐서 가입 여부를 결정할 수 있고, 다른 멤버로 카페를 구성하고 싶다면 새로 개설도 가능하고요. 글감 주제가 올라가면 아이들이 답글 형태로 밑에 연결해서 쓸 수 있고, 각 글에 댓글을 쓸 수도 있습니다.

온라인 카페에서 아이들은 서로의 글을 보며 친구와 소통하는 법을 배우고 친구들의 글을 읽고 자연스럽게 영감을 얻기도 합니다. 글감이 떠오르지 않을 때 친구들의 글에 자극을 받아 쓰고 친구들의 글에 댓글을 달다 보면 아이들은 글 쓰는 행위 자체를 좋아하고 즐기게 됩니다. 글을 서로 주고받으며 친구들과 함께 노는 거지요. 부모님들도 아이들 글에 응원 메시지를 달아주기 좋을 거예요. 댓글만이 아니라 빨간 하트나 이모티콘으로 글에 관심을 표시할 수도 있습니다. 아이들은 자기 글에 이모티콘이 달릴 때 무척 좋아합니다. 글이 몇 번 조회됐는지나 댓글이 달린 횟수에도 관심을 많이 가집니다.

카페 관리 모드에서는 메뉴를 자유롭게 구성할 수 있어서 아이들 글을 정리해놓기 편리해요. 연도와 월로 나누어서 폴더를 만들면 시간에 따라 아이들 글이 어떻게 변화되는지 한눈에 들어오고, 아이별로 글을 모아 볼 수 있도록 설정하는 방법도 있어 글을 복사해 책으로 만들어줄 때 편리합니다. 온라인 글쓰기의 장점이지요.

처음에는 부모님이 카페를 개설했더라도 아이들에게 카페 부매니저 권한을 주고 폴더 개설과 글감 올리기를 맡기는 방식으로 사용법을 익히게 하다가 아예 카페 운영을 아이들이 하게 해도 좋습니다. 아이들이 주역으로 활동하고, 어른들은 순수한 독자의 역할만 맡는 겁니다.

블로그

블로그는 신문, 잡지처럼 자기 글을 발행하는 느낌을 주는 온라인 매체입니다. 독립적인 성향의 아이들, 원하는 주제를 가지고 자유롭게 쓰고 싶은 아이들, 글쓰기 욕구를 많이 느끼는 아이들, 다른 사람의 자극을 받을 때 의욕이 올라가는 아이들에게 좋습니다.

카페는 부모님이 항상 지켜보고 있다는 것이 의식되지만 블로그는 좀 더 독립적인 공간이죠. 글을 쓸 때 다른 사람의 방해를 받지 않고 쓸 수 있습니다. 글을 완성해 '발행' 버튼을 누르면 그때부터 이웃들과 소통이 시작됩니다. 자기가 원할 때 쓰고 자기가 보여주고 싶은 글만 공개할 수 있어요. 카페에 비해 주도적으로 참여하게 합니다.

블로그에서 아이들은 자기 방 책꽂이에 책을 꽂는 것처럼 폴더별로 주제를 분류해서 글을 올릴 수 있습니다. 관련된 글을 계속 쓰면서 집중할 수 있습니다. 글마다 조회수를 볼 수 있으니까 글감 주제를 무엇으로 하느냐에 따라 독자의 반응이 달라진다는 사실도 금방 배웁니다.

블로그도 카페와 마찬가지로 공개와 비공개로 나눌 수 있습니다. 비공개로 해놓으면 글을 혼자 기록하고, 간직하는 일기장으로 쓸 수 있습니다. 공개라면 이웃이 넓어지고, 검색 기록이 올라가면서 독자의 시선을 의식하는 글쓰기 경험을 할 수 있습니다.

한편 아이들이 알지 못하는 사람들에게서 연락을 받을 수도 있습니다. 부모님도 아이의 블로그 이웃이 되어 관심을 갖고, 모르는 사람이 채팅이나 비공개 글로 말을 걸어올 때 함부로 대화를 나누어서는 안 된다는 주의사항을 알려주어야 합니다. '서로 이웃' 신청을 받지 않고 대상을 정해서 이웃을 맺는 방법도 있습니다. 또 댓글에서 다툼이 일어나 상처를 입는 경우도 발생합니다. 혹여 그럴 때는 아이들과 대화를 나누면서 대처법을 일러주어 도와주세요. 그러면서 아이는 디지털 환경에서 지내는 법을 자연스럽게 배우게 됩니다.

5학년 태호는 카페와 블로그 활동을 동시에 하는 아이입니다. 블로그명 '테디의 꿀팁 블로그'로 활동하는데요. 이웃은 243명이고, 글 전체 조회수는 103,424회입니다. 공부, 학원, 책, 여행 등을 주제로 유용한 '꿀팁'을 올립니다. 빡빡한 하루 일과표를 넣고 "학원을 다녀온 후에는 쉬는 시간을 넣으세요."라고 알려줍니다. 공부 시간을 배분하는 방법과 함께 '공부는 조금만 해도 싫증이 나기' 때문이라고 그 글을 쓴 이유를 밝힙니다. 온라인 어린이 글쓰기 프로그램도 태호의 꿀팁 소개에 들어갔습니다.

> 도움도 되고, 재미도 있는 30일 글쓰기였던 것 같다. 기초반에는 엄마 등에 떠밀려 매일 글을 썼는데, 아무래도 댓글 기능이 있고, 많이 소통할 수 있다 보니 더 재미있었던 것 같다. 한 달 동안 매일 공책에다 글을 쓰는 것과 온라인에 글을 쓰는 것은 어떤 차이가 있을까?
>
> 일단 효과는 똑같다. 공책에다가 글을 쓰는 거랑 타자로 치는 거랑 다를 바가 없다. 다만 재미만 더 있는 것이다. 다른 사람들이 댓글을 달아주면 성취감이 느껴진다. 그리고 글이 늘었다고 확실히 느낄 수 있다. 공책에 쓰면 시간이 지난 뒤에 확인하지 않게 되는데, 온라인에 글을 쓰면 댓글이 있나 확인하게 되고, 결국 내가 지금 쓴 글이랑, 예전에 쓴 글이랑 비교하게 된다. 자연스레 성취감을 느끼게 되는 것이다.

이어서 태호는 30일 동안 쓴 글 중 제일 잘 썼다고 생각한 글을 골라 스크린 캡처를 하고, 친구들의 마지막 날 후기를 모은 링크와 블로그 활동을 하는 엄마의 후기 링크를 하단에 배치했습니다. 자기가 활동하는 카페 글쓰기의 장점을 알리고 관심이 비슷한 사람들이 읽고 싶어 할 내용을 추가한 거죠.

아이들은 온라인 공간에서 소통하는 재미와 자기 글을 외부에 노출하는 즐거움을 누립니다. 자기 글 조회수를 보고, 다른 친구의 글을 읽으며 서로 적극적으로 참여합니다. 아이들도 어른과 마찬가지로 다른 사람과 소통하고 싶어 합니다. 누군가 '좋아요'라고 남겼을 때 사람들의 시선이 자기 글에 집중되는 경험을 합니다. 또 친구를 보고 싶어 하는 마음으로 카페와 블로그에 올라온 글을 읽습니다. 글로 교류하는 거지요. 아이들이 카페에서 먼저 활동하다가 자기만의 글쓰기 공간을 만들고 싶어 할 때 블로그를 오픈해서 글쓰기 영역을 넓혀가면 좋겠습니다.

디지털 글쓰기 에티켓

디지털 글쓰기에서 지켜야 할 예의에 대해서도 알려주세요. 다른 친구의 의견을 존중하는 마음으로 대할 때 소통이 원활해질 수 있다는 점을 강조합니다. 온라인 글쓰기를 할 때 필요한 규칙 네 가지를 안내합니다.

1. 상대방이 요청한 경우가 아니라면 충고나 조언을 하지 않습니다.
2. 상대방의 글에 대하여 '맞다, 틀리다'라고 판단하는 댓글을 쓰지 않습니다.
3. 상대방의 생각을 존중합니다. '나는 그 의견에 반대한다'는 비판의 글을 올리지 않습니다. "저는 다르게 생각합니다."라고 하면서 의견을 적는 건 괜찮습니다.
4. 상대방에게 불쾌한 감정을 줄 수 있는 글을 올리지 않습니다.

사진, 그림 글쓰기로
우리 아이 장점 업그레이드

아이들의 생각을 일깨우고, 사고력을 확장시키는 데 일반적인 글쓰기 방법만 고집할 필요는 없습니다. 아이가 좋아하는 활동과 연계해서 할 수 있는 방법들은 많으니까요. 아이가 휴대폰으로 사진 찍기나 그림 그리기를 좋아한다면 취미생활과 글쓰기를 연계해서 할 수 있습니다.

사진 찍기와 글쓰기

먼저 사진 찍기를 보겠습니다. 특별한 일정으로 새로운 장소에 가게 되면 아이들은 신이 나죠. 여행을 다녀온 경험을 말할 때는 이야기를 더 하고 싶어서 눈빛이 초롱초롱합니다. 좋아하는 음식점에 갔을 때도 비슷합니다.

만일 가족 여행을 간다면 사진 촬영 임무를 아이에게 맡기고 다녀온 후 사진과 연계해 글쓰기를 해보세요. 사진은 추억을 생생하게 남기는 기록이지만 사진만 찍어놓으면 나중에 어디인지 기억이 나지도 않고 다시 들여다보지 않을 때가 많습니다. 하지만 장소에 대한 설명과 가족들이 겪은 에피소드를 넣어 사진 글쓰기를 한다면 행복했던 순간을 생생하게 기록할 수 있어요.

아이에게 '네이버'나 '다음' 사이트를 이용해서 블로그 계정을 만들어줍니다. 이때 가족, 친척, 친구가 아이의 글을 보기 쉽도록 같은 사이트를 선택해 이웃을 맺는 것이 좋습니다. 앞서 말했듯 온라인 글쓰기 공간에서는 누군가가 관심을 갖고 지켜볼 때 글을 쓰고 싶어 하기 때문이에요.

사진 글쓰기는 아이의 좋아하는 취미생활과 연결되어 더 효과적입니다. 사실 여행하면서 사진 찍는 건 쉬워도 기록하기는 쉽지 않습니다. 바로 메모를 해놓지 않으면 금세 잊어버리지요. 하지만 아이들은 어른에 비해 기억력이 좋아 사진만 봐도 어디에서 무엇을 했는지 금방 떠올립니다. 여행지마다 안내문이 있다면 다 모으세요. 아이들이 기록할 때 필요할 테니까요. 어느 곳을 방문할지 여행 일정을 짤 때도 아이들이 직접 자료를 검색하게 해주세요. 자기가 찾아본 곳이라 더 관심 있게 보고, 쓸 거리도 더 많아질 것입니다. 음식점이나 카페에 방문할 때도 마찬가지예요.

해외라면 트립어드바이저(Tripadvisor) 앱을 깔아주세요. 여행 명소와 인근 음식점 정보가 많습니다. 여행 기록이니까 매일 적을 수 있도록 ○○여행 1일 차, 2일 차 이런 식으로 날짜를 적는 방침을 정합니다. 하루라도 빼지면 일정이 잘 생각나지 않을 수도 있고 귀찮은 마음이 들 수도 있으니까요. 비행기에서부터 1일 차를 시작합니다. 여행과 기록을 함께한다는 마음가짐이 됩니다. 집을 떠나 공항에 도착하기까지의 과정, 기내 사진과 창밖 풍경 등 쓸 거리는 많습니다. 여행을 떠나기 전의 설렘과 기대감을 먼저 담을 수도 있겠지요. 여행 경로를 따라 사진과 함께 글을 적어놓습니다.

블로그는 휴대폰, 태블릿, 노트북 모두 연동이 잘 됩니다. 음식점이나 카페에서 쉬는 동안에도 아이가 기록하고 싶어 하는 모습을 보실 거예요. 아이가 갔던 장소에 대해 물어오거나 팸플릿 내용을 설명해달라고 하면 같이 이야기를 나누며 도움을 주세요. 숙소의 분위기나 레스토랑 음식, 카페 음료의 맛에 대해서도 가족들이 서로 이야기를 나누어보면 좋습니다. 이런 모든 것이 다 아이의 기록에 들어갈 내용이 됩니다. 사진과 함께 적힌 소소한 이야기 하나하나가 당시 즐거웠던 추억을 떠올리게 할 거고요.

마지막으로 여행 기록이 매일 하나씩 완성되면 그 글에 관심을 가질 가족, 친척, 지인에게 알려주세요. 독자가 많을수록 좋습니다. 관심을 갖고 '좋아요'나 댓글을 남기는 독자들이 있을 때 아이는 글쓰기에 집중합니다. 여행작가처럼 보람을 느끼게 되면 기록을 꼭 이어가야겠다고 다짐할 거예요.

그림 그리기와 글쓰기

그림 그리기를 좋아하는 아이들도 마찬가지입니다. 잘 그리느냐 여부와는 상관없이 그림은 글쓰기 욕구를 자극합니다. 아이들의 상상력이 그림을 자연스럽게 따라갑니다. 글은 선과 색을 통해서 입체적으로 확장됩니다. 전 세계에서 가장 많이 읽힌 책은 앙투안 드 생텍쥐페리의 『어린 왕자』입니다. 그 책에 나온 그림은 모두 앙투안의 작품입니다. 앙투안은 처음엔 삽화를 전문가에게 맡겼다가 마음에 들지 않아 자신이 직접 그린 그림을 그려넣었다고 합니다.

독서토론 후 글을 쓰기 싫어하는 아이에게 "그림을 그리고 말로 해도 좋아요." 하면 의외로 금세 시작하는 경우를 볼 수 있습니다. 그림을 그리는 사이 글감이 떠오르는 것이죠. 아이들은 이때 떠오른 생각을 옮겨 적기만 하면 된다는 걸 곧 알게 됩니다.

『치킨 마스크』(우쓰기 미호 글, 책읽는곰, 2008)는 다른 친구들처럼 잘하고 싶어 하는 아이의 마음을 다룬 그림책인데요. '여러분이 치킨 마스크라면 어떤 마스크(가면)를 쓰고 싶은가요?'라는 주제로 마스크 그림을 그리고 고른 이유를 적게 하면 아이들이 열광합니다. 그림을 그리면서 자기가 평소 무엇을 하고 싶었는지 원하는 바를 찾아냅니다. 쉬지 않고 그림을 그리면서 머릿속에 생각을 채웁니다.

그림은 아이들의 긴장을 풀어줍니다. 그림은 멈추지 않는 글쓰기와 비슷합니다. 글쓰기를 어려워하는 아이들이 제일 많이 이야기하는 '무엇을 써야 할지 몰라서'는 바로 해결됩니다. 그림과 글을 준비하는 동안 아이들은 재미를 느끼며 빨리 친구들에게 이야기를 전해주고 싶어 합니다. 그러니 글쓰기를 어려워하는 아이들에겐 그림을 먼저 그리게 한 후 자기 그림을 설명하는 글을 써보게 해주세요.

글을 쓰는 데 익숙한 아이들이라면 주제를 주고 "여러분의 글을 그림으로도 표현해주세요."라고 안내합니다. 그러면 아이들은 글을 쓸 때부터 이미지를 떠올리고, 시간과 노력을 들여 글을 이미지로 묘사합니다. 글은 그림을 설명하고 그림은 글을 보여주면서 대상을 좀더 풍성하고 정교하게 드러냅니다. 책을 좋아하는 아이들은 로알드 달의 전 작품을 읽은 경우가 많은데요. "여러분이 『찰리와 초콜릿 공장』에 나온 사장이 된다면 어떤 간식을 만들고 싶은지 그림과 글로 보여주세요."와 같은 주제를 주면 기발한 것들을 금세 만들어냅니다.

1965년에 '서기 2000년대의 생활의 이모저모'를 그린 원로 만화가 이정문 화백은 '소형 TV전화, 태양열 집, 전파신문(인터넷 신문), 전기자동차, 움직이는 도로, 청소하는 로봇, 원격 의료 진료'로 2000년대의 생활을 예측했는데요. 아이들에게 이정문 화백의 그림을 보여준 뒤 '2100년대의 생활'을 예측하는 그림과 글을 써보게 합니다. 미래에 어느 정도 적중률을 기록할지 기대되지 않나요?

글쓰기 친구들과
랜선 커뮤니티를 만들다

이오덕은『글쓰기 어떻게 가르칠까』에서 아이들이 글쓰기를 하면 솔직하고 아름다운 마음을 잃지 않고, 사물의 참모습을 보며, 풍부한 감수성과 창조하는 태도를 가진다고 말합니다. 글쓰기를 통해서 아이들의 삶이 꽃처럼 눈부시게 피어나게 해 달라고 어른들에게 당부합니다.

아이들이 온라인에서 글쓰기를 통해 친구들과 만날 수 있는 자리를 만들어주었으면 합니다. 글쓰기라는 목표가 있지만 아이들은 온라인 공간에서 글쓰기를 수단으로 자유롭게 친구를 만나고 소통할 수 있습니다.

게리 폴슨의『손도끼』(사계절, 2001)라는 소설에는 엄마와 헤어져 경비행기를 타고 가는 열세 살 소년 브라이언이 주인공으로 나옵니다. 경비행기에 타기 직전 엄마가 아이 손에 '손도끼'를 쥐여줍니다. 아이는 거추장스럽다고 내키지 않아 하다가 들고 갑니다. 사고로 비행기는 삼림지대에 불시착하고 혼자 살아 남은 아이는 엄마에게 여행 선물로 받은 손도끼를 이용해서 굶주림, 추위, 공포, 외로움과 싸우며 살아남습니다.

불확실한 미래에 브라이언의 손도끼 역할을 하는 것이 바로 '글쓰기'입니다. 어디선가 온라인으로 친구들과 글을 주고받을 수 있다는 얘기를 들은 엄마가 아이에게 한 번 해보라고 권유하면 아이는 마지못해서라도 글쓰기를 시작하게 됩니다. 처음에는 모를 수 있어도 '엄마가 쥐여준 글쓰기라는 손도끼'로 무엇을 할 수 있는지 곧 알아냅니다.

외로움, 불안, 슬픔, 분노, 죄책감과 같은 감정을 어떻게 다루어야 할지 아는 아이들은 많지 않습니다. 자신의 감정과 생각에 대한 표현 욕구를 아이들은 잘 알아차리지 못합니다. 이런 문제를 해결해주는 것이 바로 온라인 글쓰기입니다.

아이들에게 친구들은 가족만큼이나 중요합니다. 친구들이 한 공간에 있다는 사실만으로 즐겁습니다. 온라인 공간에서 글을 쓰며 힘든 마음을 털어놓고 나면 속상하거나 불안한 마음도 금세 사라집니다. 아이들은 글로 생각을 나누며 친구들과 소통의 즐거움을 매일 경험합니다. 자주 만나지 못하는 친구라도 글쓰기 공간에서는 매일같이 반갑게 인사를 나누며 서로의 글에 코멘트를 할 수 있으니까요. 랜선 커뮤니티에 속한 아이들은 부지런히 글쓰기를 합니다. 랜선 커뮤니티에 들어가려고 눈을 뜨자마자 컴퓨터 앞으로 달려가는 아이도 있습니다. 순식간에 글을 쓸 때도 있고, 생각이 잘 나지 않을 때는 친구의 글을 읽으면서 영감을 받기도 하고, 글을 완성한 후엔 댓글이 달렸나 계속 클릭하면서 반응을 기다립니다. 친구들 글이 재미있다고 어깨를 들썩이며 웃고, 잘 썼다고 감탄하고, 진짜 시인이 쓴 시 같다고 칭찬합니다.

온라인 글쓰기 카페 운영법

'글쓰기 친구들과 랜선 커뮤니티 만드는 방법'을 안내합니다.

온라인 카페 개설

- 네이버나 다음에서 이메일 아이디를 만듭니다.
- 네이버 또는 다음에서 비공개 카페를 개설해 온라인 글쓰기 공간으로 사용합니다. 참고로 카페 주소는 한번 정하면 변경하지 못합니다.
- 카페 메뉴를 글 쓰는 공간, 공지 사항, 낙서장으로 구분합니다. 원하는 메뉴를 추가하거나 삭제할 수 있습니다.
  - └ 글 쓰는 공간: 학부모 운영진이 글쓰기 주제를 올리고, 아이들은 답글로 글을 올리는 공간입니다.
  - └ 공지 사항: 글쓰기 카페 이용 방법과 지켜야 할 규칙을 안내합니다.
  - └ 낙서장: 아이들이 놀이터처럼 자유롭게 소통하는 공간입니다.

글쓰기 카페 운영진

- 아이들을 중심으로 학부모님들이 교류하는 그룹에서 글쓰기 모임을 만듭니다.
- 학부모가 글쓰기 카페 운영진으로 활동합니다.
- 학부모 운영진이 돌아가면서 온라인 글쓰기 카페 매니저와 부매니저

를 맡습니다.

- 카페의 매니저 아이디는 공용으로 사용할 수 있도록 네이버나 다음 메일 주소를 새로 개설합니다(한 사람이 여러 개의 이메일 아이디를 만들 수 있습니다. 카페 매니저 이름은 '나의 활동-별명'에서 변경할 수 있습니다).
- 매니저가 카페 회원 중에서 부매니저를 지정합니다. 기수별로 부매니저를 바꿀 수 있습니다.

참여하는 어린이

- 친한 친구들이나 형제자매가 같이 참여합니다.
- 초등학교 3~6학년이 섞여서 같이 참여합니다.
- 글쓰기 카페 어린이 참여 인원은 6~10명 정도로 합니다.

카페 운영 기간

- 평일에 글을 올리는 것으로 한다면 한 기수를 진행하는 데 한 달 정도 걸립니다. 공휴일은 쉽니다.
- 글쓰기 모임을 한 달 동안 운영하고 종료 후에 새로운 기수를 시작합니다. 기존 카페 관리 메뉴를 이용해서 글쓰기 폴더를 1기, 2기, 3기와 같이 추가하면 계속 이어갈 수 있습니다.

글쓰기 글감 준비

- 초등학생을 대상으로 한 글쓰기 주제를 제공하는 도서를 참고합니다.
  ㄴ 『초등학생이 좋아하는 글쓰기 소재 365』(민상기 저, 연지출판사, 2019)
  ㄴ 『글쓰기 처방전』(채인선 저, 책읽는곰, 2016)
  ㄴ 『창의력을 키우는 초등 글쓰기 좋은 질문 642』(826 VALENCIA 저, 넥서스Friends, 2023)

- 학부모 운영진이 어린이 책을 보고 글감을 만들어봅니다. 본문 중 나온 글감 사례와 6장 '10분 글쓰기 강좌'의 감정을 표현하는 글쓰기와 8장 '온라인 글쓰기 카페 운영법'에 나온 '글쓰기 주제 예시'를 참고합니다.
  - └ 운영진이 총 4명이면 한 사람이 한 달에 6~7개 정도 준비하고 그 중 총 23개를 선택해서 사용합니다.

운영진이 카페에 글쓰기 주제 업로드하는 방법

- 한 기수에 총 23개의 글감을 준비합니다(0~22일 차).
- 다음 날 글감을 전날 저녁까지 올립니다(아이들이 글감에 대해서 미리 생각해볼 수 있습니다).
- 매니저와 부매니저가 한 주씩 돌아가면서 글쓰기 주제를 카페에 올립니다.
  - └ 0일 차: 자기소개 글쓰기
  - └ 1~21일 차: 글감 주제를 보고 아이들이 글을 올리는 기간
  - └ 22일 차: 자신을 칭찬하는 글쓰기
- 글감 주제를 알릴 때 매번 '자유 주제'를 선택해도 좋다고 안내합니다.
  예 [0일 차] 나를 소개합니다&자유 주제

아이들이 글을 올리는 방법

- 글감 주제로 올라온 글에 '답글'로 글을 올리도록 아이들에게 설명합니다. 답글로 쓰면 일차별로 아이들 글이 모아지는데, 학부모님들이 댓글을 쓰기에 편리합니다(컴퓨터에서 카페에 들어갈 때는 '답글' 버튼 클릭, 휴대폰에서 카페에 들어갈 때는 우측 상단 세 개의 점을 클릭한 후 답글 쓰기를 선택하면 답글 쓰기가 됩니다).
- 일차별로 안내된 글감으로 아이들이 다섯 줄 이상 쓰도록 합니다.
- 아이들은 공휴일에 쓰지 못한 글을 올리거나 서로의 글을 읽어보고 칭찬하는 댓글을 남깁니다.

학부모 운영진이 아이들 글에 댓글 쓰는 방법

- 매니저와 부매니저가 한 주씩 교대로 아이들 글에 댓글을 답니다.
- 아이들이 올린 글을 매일 읽고 글의 어떤 점이 좋았는지 칭찬의 댓글을 올립니다. 당일 피드백을 하기는 어려우니 다음 날까지 댓글을 적습니다. 예를 들어 아이들이 1월 2일 0일 차 글을 썼다면 학부모 운영진은 1월 3일까지 피드백을 합니다.

댓글 쓰기 담당 예

- └ 0일 차와 첫째 주(1~5일 차) 매니저 댓글 쓰기
- └ 둘째 주(6~10일 차) 부매니저 댓글쓰기
- └ 셋째 주(11~15일 차) 매니저 댓글 쓰기
- └ 넷째 주~종료일(16~22일 차) 부매니저 댓글 쓰기

- 다른 운영진은 공감 표시(하트) 스티커를 이용해서 응원을 합니다. 원하는 경우 칭찬하는 댓글을 씁니다.
  - 7장에서 '아이들 글 칭찬하는 법, 마법의 댓글 예시'를 참고합니다.

한 달 글쓰기 모임 종료 뒤 행사

- 가족들 앞에서 글쓰기 낭독 및 칭찬 샤워
- 글쓰기를 같이한 친구 및 그 가족들과 글쓰기 낭독하기
- 가족들과 좋아하는 음식을 같이 먹으면서 축하 파티
- 하루 동안 공부하지 않고 자유롭게 놀 수 있는 자유시간 주기
- 갖고 싶은 책이나 원하는 선물 사주기

1년간 쓴 글을 모아서 책자로 만들어주기

- 책 만드는 앱 '하루북'을 이용해 쓴 글을 복사해서 붙인 후 의뢰합니다.
- 카페를 개설할 때 관리 메뉴에서 '글/글양식-게시글 보호 설정'에서 복사·저장을 허용으로 선택합니다(허용으로 하면 아이들이 카페에 올린 글을 복사할 수 있습니다).

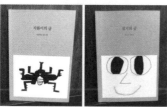  

이겸지와 이지환의 글쓰기 1주년 책 출간   김태율의 『시쓰는 소리』 시집

글쓰기 주제 예시

아이들에게 제시하는 글쓰기 글감들입니다.

자기소개하는 글쓰기(글쓰기 시작하는 날)

나를 소개합니다.

- 자기 이름의 의미를 알려주세요. 그 이름을 어떻게 짓게 되었는지도 적어봅니다.
- 나만의 장점과 매력을 알려주세요.
- 하루 동안 바꿔 살고 싶은 사람이나 대상이 있나요?
- 내가 가장 소중히 여기는 것들을 적어봅니다.

마음을 표현하는 글쓰기

- 싫은 사람이 생기거나 불쾌한 기분이 들 때 여러분은 어떻게 하나요?
- 원하는 물건 목록을 모두 쓰고 그중 하나를 골라 왜 갖고 싶은지 적어봅니다.
- 최고의 모습으로 바꾸어주는 특별한 마스크가 있다면, 여러분은 그 마스크를 쓸 건가요?
- 여러분에게 죽어도 좋을 만큼 행복한 순간이 있었다면 알려주세요.
- 아무것도 하기 싫은 날 여러분은 어떻게 하나요?

나에 대해서 생각하는 글쓰기

- 엄마, 아빠와 내가 닮은 점은 무엇이고 닮지 않은 점은 무엇인지 적어 보세요.
- 남과 다른 나의 모습을 이야기해주세요.
- 나에 대한 중요한 사실을 알려주세요.
- 1세부터 91세까지 1로 끝나는 나이의 내 모습을 적어봅니다.
- 20년 뒤 '미래의 나'가 '현재의 나'에게 보내는 편지를 씁니다.

자기 의사를 표현하는 글쓰기

- 친한 친구가 여러분에게 일주일 내내 스마트폰 없이 지내보자고 제안 한다면 어떻게 할 건가요?
- 하기 싫은 것을 부모님에게 말해볼까요?
- 여러분은 성인이 될 때까지 어른들이 시키는 대로 해야만 한다고 생 각하나요?
- 부모님이 잘못을 했을 때, 여러분은 어떻게 하나요?
- 학교에서 고쳤으면 하는 사항을 교장선생님에게 편지로 써봅니다.

상상력을 키우는 글쓰기

- 결말이 마음에 들지 않았던 동화의 뒷부분을 바꾸어보세요.
- '내가 좋아하는 연예인과 하루 동안 시간을 보낼 수 있는 이벤트에 당첨됐다.' 뒤를 이어서 이야기를 만들어보세요.
- 바닷물을 어항에 담아 집으로 가져갈 수 있는 방법을 알려주세요.
- 소풍 가기로 한 날 비가 옵니다. 어떻게 하면 재밌게 보낼 수 있을까요?
- 50년 뒤 한국 모습을 예측해보세요.

시 쓰기

- '○○는 왜 가끔 삐딱해질까'로 시를 써보세요.
- '어쩌려고 저러지'로 시를 써보세요.
- '이까짓 거!'로 시를 써보세요.(박현주 작가의 그림책 『이까짓 거!』를 읽은 후)
- '마음 치료법'으로 시를 써보세요.
- '나의 걱정'으로 시를 써보세요.

자신을 칭찬하는 글쓰기(글쓰기 종료하는 날)

- 한 달 동안 열심히 글을 쓴 나를 칭찬합니다.
- 내가 글을 쓰는 이유를 네 가지 써봅니다.
- 카페에 올린 글 하나를 골라 잘 쓴 점을 구체적으로 칭찬합니다.
- 글쓰기를 마친 자신에게 상을 주고 상을 주는 이유를 적어봅니다.
- 한 달 동안 어떻게 글쓰기를 할 수 있었는지 자신을 인터뷰하는 글을 씁니다.

아이들에게 글쓰기 카페 운영 권한을 넘겨주는 방법

카페에서 글쓰기 활동이 활발하게 진행되고 있다면, 아이들에게도 카페 운영 권한을 나누어줍니다. 처음에는 메뉴 하나를 사용하게 합니다. 이후에 적극적으로 소통하면서 글쓰기 활동을 하는 아이에게 카페 부매니저 권한을 줍니다. 폴더 개설과 글감 올리기를 맡깁니다. 어른들은 독자의 역할을 맡고, 아이들이 랜선 커뮤니티 활동을 주도적으로 할 수 있습니다.

1. 학부모님과 아이들의 카페 활동이 활발히 이루어지고 있다면 아이들이 관리하는 메뉴를 추가합니다. 친구들 글을 관심 있게 읽고 댓글을 자주 다는 아이에게 부매니저 권한을 줍니다. 아이들이 부매니저를 돌아가면서 맡게 합니다.

2. 어린이 부매니저가 '어린이 공간'으로 정해진 메뉴에 글감을 올리고 관리하는 역할을 맡습니다. 친구들의 글쓰기를 독려하고, 참여하도록 이끕니다. 여러 가지 메뉴를 추가할 수도 있습니다. 몇 개의 예를 들어볼게요. 소설을 쓰고 싶어 하는 아이가 있다면 '릴레이로 이야기를 이어서 만들기' 코너도 좋습니다. 한 명씩 돌아가면서 뒷이야기를 쓸 수 있습니다. '그림 코너'는 컴퓨터로 그린 그림이나 종이에 그린 그림을 올리고 설명하는 글쓰기를 하는 공간입니다. '글쓰기 주제를 모아요' 코너는 아이들에게 글감을 추천받는 곳입니다. '이 책을 추천합니다' 코너에서는 좋아하는 책을 소개하는 글을 올립니다.

3. 카페 매니저는 소외되는 아이들 없이 모두 참여할 수 있도록 '어린이 부매니저'와 대화를 나누면서 이끌어줍니다.

4. 일정 시간이 흐른 후 아이들에게 카페 운영을 맡깁니다. 학부모님은 카페에 남아 지켜보고, 아이들 글을 읽고 응원의 글을 남기는 역할을 합니다.

'어린이 글쓰기 프로그램'이
걸어온 길

이 책의 원고를 처음 읽어본 후 초록비책공방 대표님이 이런 이야기를 제게 하셨어요.

"온라인 카페에서 프로그램이 어떤 식으로 운영되는지 더 자세히 알고 싶습니다. 카페가 비공개라서 들어가볼 수 없는데요. 기수별 모집 방법, 선생님과 아이들이 직접 만나는 날도 있는지, 또 아이들이 다른 기수에 들어가볼 수 있는지, 기수별 모습은 어떤지 이런 것들이 궁금해요. 온라인 활동이 어떻게 이루어지는지 학부모님에게 설명하듯이 한 꼭지 더 써보면 어떨까요."

저는 바로 좋다고 대답했습니다. 이 책을 읽는 학부모님들이 어린이 글쓰기 프로그램의 모습을 이미지로 그릴 수 있으면 이해하기 쉽고 함께하는 기분이 들 테니까요. 어떤 방법으로 할까 하다가 어린이 글쓰기 프로그램이 걸어온 길을 한 번 훑어보기로 했습니다. 시간 순서대로 있었던 일을 설명하면서 전체적으로 흐름을 따라가고, 필요한 부분에서는 세부적인 내용을 추가하고요.

오픈, 첫 만남

아이들이 온라인 공간에서 함께 글을 쓰기 위해서 2020년 1월에 모였습니다. 코로나 팬데믹 상황, 아이들이 집안에 있어야 하는 시기에 '온라인 어린이 글쓰기' 모임이 시작되었지요.

12명의 학부모님이 숭례문학당에 올라온 1기 프로그램을 보고 신청했습니다. 전국에서 처음으로 시작된 아이들의 온라인 글쓰기 모임이었습니다. 저는 네이버에 글쓰기 카페를 개설하고, 이용 방법과 글쓰기 진행 방법을 공지사항으로 올렸습니다. 그다음 학부모님 카톡방을 오픈하고, 네이버 카페 초대장을 보냈어요. 아이들은 모두, 학부모님은 원하는 분만 카페에 가입하도록 했습니다. 카톡방에 초대된 학부모님은 아이 이름과 학년, 참여하게 된 계기를 남기면서 서로 인사를 나누었습니다.

아이들은 카페에 처음 들어오면 자기소개를 해요. 프로그램 시작 전날 0일 차에 워밍업 글쓰기로 '자기소개를 합니다'라는 글감이 나가거든요. 아이들은 어떤 친구를 만날지 설레는 마음으로 자기소개글을 적습니다. 첫 글을 올리고, 친구들의 자기소개 글을 읽으며 한 달 동안 글쓰기를 할 마음의 준비를 하지요. 카페 매니저이자 글쓰기 코치인 저는 해당 글감을 전날 저녁에 미리 올립니다. 아이들이 미리 생각해볼 수 있도록요. 아이들이 마감시간인 밤 11시까지 글감 주제를 보고 자기 생각을 씁니다. 아이들에게 안내하는 글쓰기 주제는 학부모님 카톡방에도 매일 공유합니다. 학부모님도 읽어보고 아이들과 이야기를 나누기를 바라면서요.

어린이 글쓰기 프로그램을 시작할 때 제가 정한 운영 원칙 세 가지는 '아이들을 가르치려고 하지 않는다, 아이들에게 어떤 이야기든 할 자유를 준다. 공감, 애정, 칭찬을 쏟아붓는다'인데요(51쪽 참조). 이러한 자유로운 운영 원칙이 '글쓰기는 지루하고, 싫은 것'이라는 생각으로 가득 찬 편견을 깨고 감정표현을 자유롭게 할 수 있도록 이끌었다고 생각합니다.

기수별로 따로 모집해요

어린이 글쓰기 1~5기까지 글쓰기 카페는 총 5개, 1기는 12명, 5기는 27명

어린이 글쓰기 프로그램은 매 기수 따로 모집을 해요. 2020년 1월 어린이 글쓰기 1기를 12명으로 시작했고, 인원이 점점 늘어나 5기에는 27명이 되었습니다. 이전 기수에 이어서 계속 참여하는 아이들도 있고, 새로 들어온 친구도 있습니다. 프로그램을 시작하고 며칠 뒤에 다음 기수 링크를 만들어 학부모님 카카오 단톡방에 올립니다. 현재 기수에서 글쓰기를 하고 있는 아이들이 먼저 등록할 수 있도록요. 아이들이 함께하고 싶은 친구가 있다면 학부모님이 다른 분께 링크를 전달하기도 하고, 동생이 들어올 때도 있습니다. 숭례문학당 홈페이지에 올라와 있는 온라인 어린이 글쓰기 프로그램을 보고 신청하신 분도 많았고요. 초반에는 제가 혼자 운영했기에 네이버 카페는 1기부터 5기까지 총 5개가 만들어졌습니다.

어린이 글쓰기 6기~7기

기수별로 A반, B반 글쓰기 카페 2개씩 오픈, 6기는 58명, 7기는 61명이 참여했습니다.

어린이 글쓰기 8기~10기

기수별로 A반, B반, C반 글쓰기 카페 각각 3개(총 아홉 개)였고, 이 중 10기에 참여한 아이들은 114명이었습니다.

6기부터는 백소연 선생님과 제가 함께 운영하기로 하고 모집 인원을 두 배로 늘렸어요. 6기는 58명, 7기는 61명 등록해서 글쓰기반을 A반과 B반으로 나누어 열었습니다. 두 명의 강사는 A, B반에 하루씩 번갈아 가면서 아이들 글에 피드백을 남겼습니다. 반 배치할 때 친구들, 형제자매들은 같은 반에 배치하고, 기존에 참여했던 아이들과 처음 시작하는 아이들을 골고루 섞었습니다. 8기부터는 모집 인원을 90명으로 하고 허유진 선생님이 합류했습니다. 글쓰기반이 A, B, C 세 개가 되었습니다. 세 명의 선생님이 3일에 한 번씩 세 반에 들어가 글쓰기 피드백을 했습니다.

여러 명의 강사가 함께할 때는 혼자 운영할 때와 또 다릅니다. 어떻게 하면 좋은 글감을 만들지 함께 고민합니다. 프로그램이 시작하기 전에 강사들은 각자 글감을 작성한 후 글감 선정 회의를 합니다. 서로 피드백을 하면서 글감을 보완합니다. 학부모님이 하는 질문이나 아이들 지도 방법에 대해서도 어떻게 하면 보다 나은 방향으로 갈 수 있을까 상의를 해서 결정합니다.

어린이 글쓰기 카페는 계속 남아 있어요

한 달 글쓰기가 끝나면 약 2주 동안 방학 기간을 거쳐 다음 기수를 시작합니다. 아이들은 벌써 한 달이 지났냐며 아쉬워하지요. 그래도 다음 기수에서 만날 수 있으니까 하고 마음을 달랩니다. 아이들은 다음 기수에 누구를 만날지, 어떤 선생님과 함께할지 궁금해하며 기다립니다. 2주 동안 함께 글을 써온 친구들이 보고 싶어서 잠이 안 온다고 하는 아이도 있었어요. 다음 기수 카페에서 글쓰기를 시작하지만 카페는 언제나 그대로 남아 있어요. 예전에 참여했던 기수를 찾아가 서로 인사를 나누기도 합니다. 저는 아이들에게 이야기합니다. 발레리나가 되고 싶다는 꿈을 말한 어린이에게는 나중에 소식을 알려달라고, 작가가 되고 싶다는 어린이에게는 책이 출간되면 꼭 이야기해 달라고요. 언제까지나 자리를 지키고 있겠다면서요. 어른이 된 아이들을 나중에 만날 생각을 하니 가슴이 두근두근합니다.

'줌'으로 하는 어린이 글쓰기 낭독모임

어린이 글쓰기 1기부터 참여한 학생 중 한 명이 글쓰기를 함께했던 친구들이 보고 싶다는 글을 올린 적이 있습니다. 아이들을 어떻게 만나게 해줄까 고민 끝에 6기에 참여한 학생들에게 줌으로 만나자고 제안했습니다. 코로나로 친구를 만나기 어려운 상황이었기에 아이들은 이 만남의 광장에 모여 열광을 했지요. 약 1시간 30분 정도 예상하고 계획했는데 6기에 참여한 어린이 58명 중 31명이 신청했습니다. 아이들은 자기소개를 하고, 30일 동안 쓴 글 중에 하나를 골라 낭독했습니다. 친구들은 낭독 글을 듣고 어떤 점이 좋은지 이야기하고, 저와 백소연 선생님, 참관했던 허유진 선생님도 피드백을 해주었지요.

자기소개 시간에 아이들은 자신을 표현하는 형용사를 하나씩 넣어서 이야기하기로 했는데요. 이렇게 다양한 형용사가 등장했답니다.

똑똑한, 유쾌한, 상상력 있는, 성실한, 책을 좋아하는, 엉뚱한, 신체 활동을 좋아하는, 친절한, 활달한, 재미있는, 열정적인, 유치한, 행복한, 착한, 활발한, 밝은, 글을 쓰는 것을 좋아하는, 평범한, 흥이 많은, 시원한, 아담한.

아이들의 개성을 표출하는 글쓰기의 힘이 발휘된 것 같아요. 어린이 글쓰기 9기에서는 A, B, C반별로 선착순 10명씩, 총

30명 선착순으로 최대 인원수를 정했어요. 그보다 인원이 더 많으면 낭독모임을 여러 번 해야 해서 인원을 제한했는데 순식간에 마감이 되었지요. 그 이후에는 반별로 나눠서 선생님들이 1년에 한두 번 낭독대회를 열었습니다.

아이들과 학부모님이 전하는 참여 소감을 들어볼까요?

아이 1 온라인에서 글만 보다가 서로 글을 낭독해주니까 좋다. 카페에서 온라인 글쓰기 할 때는 선생님이 주로 칭찬해주었는데, 글쓰기 낭독대회에서 친구들이 잘 썼다고 말해주니 기쁘다.

아이 2 글쓰기 카페에서 친구들 모습을 프로필 사진으로 보았는데, 줌에서 실제로 보니까 반갑다. 이제 글을 보면 '이 사람은 이렇게 생겼지'라고 금방 생각날 것 같다. 댓글을 쓰면 답변하는 데 시간이 오래 걸리는데 줌 낭독대회에선 바로 이야기하니까 좋다.

어머니 1 와우. 넘 감사하네요. 어떤 날은 늦게 글을 쓰려고 해서 왜 이렇게 늦게 쓰냐고 물어보았어요. "누나가 요즘 늦게 글을 써."라고 답하더라구요. "본 적은 없지만 그 누나의 글을 매일 읽으며 아이디어를 얻었는데, 오늘 그 누나도 보고 형아 친구들도 보고 선생님도 보고 넘 좋았어."라고 아이가 이야기하네요.

어머니 2 줌 시간을 마치고 아이가 환하게 웃으며 제가 있는 방으로 들어오더라구요. 너무 즐거웠대요! 크리스마스 선물같이 한 해 마무리 잘하며 뜻깊은 시간을 보내게 해주셔서 감사합니다. 아이들의 자신 있는 목소리도 참 멋져보이더라구요! 선생님과 아이들 모두 좋은 추억으로 잘 남아 있길 바랍니다.

어린이 글쓰기 11~13기, 글쓰기 카페(총 12개) 총 148명 등록

11기에는 148명으로 등록 인원이 늘어나 A, B, C, D 네 개의 반으로 분반하고 이혜령 선생님까지 총 네 명이 운영했는데요. 이때부터 모집은 공동으로 하되 강사 한 명이 한 반을 전담해서 관리했습니다. 아이들은 자기가 속해 있는 글쓰기 카페에서만 활동해서 다른 반 친구들을 만나고 싶어 했어요. 헤어졌다가 만났다가를 반복하면서 서로를 그리워하고 같은 반이 되게 해달라고 소원을 빈다는 글도 올라왔지요.

모든 반이 동일한 프로그램으로 운영했는데요. A반부터 D반까지 담당 강사별로 글쓰기 카페 분위기가 조금씩 다르니까 아이들은 글쓰기 반을 옮겨다니며 마치 여행을 떠나는 기분을 느꼈다고 해요.

12기부터는 반 배정 시간을 줄이고자 공동모집하지 않고, A반부터 D반까지 반별로 30명씩 나누어서 모았습니다. 15기부터는 프로그램에 반 이름 대신 강사의 이름을 넣었어요. '오수민, 백소연, 허유진, 오숙희의 어린이 온라인 글쓰기' 이렇게요. (오숙희 선생님은 12기부터 함께하셨어요) 반별로 따로 맡았지만 온라인 어린이 글쓰기는 25기까지 강사들이 항상 글감을 함께 만들었습니다. 강사들의 땀과 정성이 촉촉이 녹아 있는 어린이 글쓰기 프로그램입니다. 아이들도 함께 있어서 즐겁고, 강사도 함께 프로그램을 운영하니까 힘들어도 보람과 재미를 느낍니다. 서로에게 마음껏 배울 수 있는 기회가 됩니다. 여러 명이 모여 준비하다 보니 아이디어가 바닥날 때가 없어요. 끝없이 솟아오르는 샘물처럼요. 또 좋아하는 것을 누군가와 같이 한다는 기쁨을 누릴 수 있었어요.

어린이 글쓰기 독후감 대회

어린이 글쓰기 글감에 독후감 쓰기가 있습니다. 처음에는 아이들이 각자 추천하고 싶은 책으로 독후감을 썼는데요. 2021년 후반부터는 아이들이 모두 같은 책을 읽고 독후감을 쓰는 방식으로 바꾸었어요. 아이들이 보다 더 적극적으로 참여할 것이라고 기대를 했습니다. 같은 책을 읽고 서로 다른 관점을 보이는 아이들을 보는 재미도 있을 테니까요.

어린이 글쓰기 20기에는 존 버닝햄의 그림책 『지각대장 존』으로 '어린이 독후감 쓰기 대회'를 새롭게 개최했습니다. 그림책이라면 부담 없이 누구나 참여할 수 있으니까요. 어린이 글쓰기 프로그램에는 필리핀, 두바이, 싱가포르, 미국, 프랑스, 중국 등 해외에서 참여하는 친구들도 많았는데요. 해외에 있어서 책을 구하기 어려운 어린이들도 그림책 읽어주는 동영상을 통해 독후감을 쓸 수 있었어요.

예상한 대로 아이들이 정말 열심히 썼습니다. 평소 글쓰기를 한 분량보다 2~3배 더 쓰면서 정성을 기울였어요. 아이들에게 열정적인 글쓰기는 무엇인지를 배웠답니다. 심사하기는 정말 어려웠어요. 얼마나 정성을 기울여 썼는지 눈에 똑똑히 보였거든요. 잘하고 싶은 마음이 글을 통해 고스란히 전달되었습니다. 온라인 어린이 글쓰기 운영 강사 오수민, 백소연, 오숙희 3명의 강사가 반별로 추천하고 함께 심사해서 대상자를 정했어요.

어린이 글쓰기 독후감 대회는 아이들을 응원하기 위해 마련한 행사라서 상을 정할 때도 고민이 많았습니다. 글쓰기를 시작한 지 얼마 되지 않은 어린이들과 저학년들을 위한 상, 기발한 아이디어를 낸 아이들을 위한 상, 독후감이란 게 어떤 것인지 서로 배울 수 있는 상을 골고루 주고 싶었거든요. 그런 의미로, 새싹상, 열심상, 재치상, 줄거리상, 인물상, 감격상, 짜임새상 이렇게 7개의 상을 만들었습니다. 59명의 어린이들이 참여했고 총 30명이 상을 받았습니다.

카페 검색어: 어린이 글쓰기 숭례문학당 독후감 쓰기 대회 수상작

공개 카페라 누구나 들어가서 볼 수 있습니다. 초등 학교 3학년부터 6학년까지 참여했습니다.

• **새싹상**: 초등 3~4학년 대상으로, 글쓰기 한 지 얼마 안 된 어린이

들을 위한 상입니다. 독후감 작품 속 주인공 '지각대장 존'과 아이의 말을 믿지 않는, 도전하는 친구들을 위한 상입니다.

- **열심상**: 특별히 글쓰기에 집중하는 날 있잖아요. 평소 글쓰기보다 더 집중해 열심히 참여한 친구들에게 주는 상입니다.

- **재치상**: 작품을 해석하는 포인트나 감상하는 포인트가 남다른 친구들, 참신한 내용으로 자신의 색을 잘 표현한 친구들에게 주는 상입니다.

- **줄거리상**: 누가 나오고, 언제, 어디서, 무엇을 하는지 작품의 이야기를 재밌게 들려주는 글. 이야기를 들은 친구들이 책 한 권을 읽었다고 착각할 만큼 이야기를 잘 풀어낸 친구들에게 주는 상입니다.

- **인물상**: 작품 속 주인공 '지각대장 존'과 아이의 말을 믿지 않는 선생님의 입장이 되는 시간. 인물이 한 말과 행동을 보면서 '왜 그랬을까' 질문을 하며 자세히 들여다본 친구들에게 주는 상입니다.

- **감격상**: 느낌이 풍부하게 들어간 글. 줄거리 설명보다는 어떤 부분에 감동을 받았는지와 왜 그렇게 생각했는지를 집중적으로 쓴 친구들에게 주는 상입니다.

- **짜임새상**: 책을 읽은 후 느낀 점, 줄거리, 인상 깊게 본 부분과 이유, 책의 좋은 점과 아쉬운 점, 책을 누구에게 추천하고 싶은지와 이유까지 담아낸 글. 독서감상문을 짜임새 있게 쓴 친구들에게 주는 상입니다.

아이들이 이야기한 어린이 글쓰기 참여 소감

아이들은 한 달 동안 글쓰기를 하고 나면 엄청난 자부심을 느낍니다. '글쓰기 싫다'고 목소리를 높이던 아이들이 작가처럼 꾸준하게 글을 써왔으니까요. 한 기수가 끝날 때마다 아이들의 후기를 모아서 숭례문학당 홈페이지에 링크에 올렸어요 (카페 '어린이글쓰기 숭례문학당 독후감 쓰기 대회 수상작'에서 10기 후기를 볼 수 있음)

 어린이 글쓰기(초3-6학년) 10기 A반 후기

 어린이 글쓰기(초3-6학년) 10기 B반 후기

 어린이 글쓰기(초3-6학년) 10기 C반 후기

어린이 글쓰기 18~25기, 명예의 전당에 오른 아이들

글쓰기란 좋으면서도 힘겹습니다. 게다가 아이들은 매일 글을 써야 하니까 엄청난 노력이 필요하지요. 이때 학부모님과 강사의 관심과 응원이 큰 힘이 됩니다. 그래서 아이들, 학부모님들, 강사가 함께 협력해 매주 글쓰기 현황표를 만듭니다. 카페에 올라간 현황표를 보고 빈칸이 있는 아이들이 스스로 글을 씁니다. 학부모님이 아이들과 이야기를 나누면서 격려를 하고, 강사가 부모님과 개인 상담을 하는 때도 있고요. 한 달이 지나면 매일 글을 쓴 아이들, 하나라도 더 쓰려고 노력한 친구들, 글쓰기 미션(생각을 많이 해서 써야 하는 글감)을 모두 성공한 아이들, 친구들 글을 읽고 열심히 칭찬을 한 아이들의 기록이 현황표에 남습니다. 엑셀로 만든 현황표에서 아이들이 글을 쓴 날의 칸에는 애정하는 마음을 담아 하트를 붙여요. 하트가 많을수록 글을 많이 쓴 거지요. 그렇다고 빈칸으로 놔두지는 않아요. 글 쓴 날은 빨간색이 채워진 하트, 글을 쓰지 않은 날은 빨간색 테두리가 있는 하트가 들어가지요. 노력했다는 표시입니다.

글쓰기를 하려고 애썼으니 참여한 아이들 모두 끝날 때 '노력상'을 받아요. 현황표에는 특별한 상이 있습니다. 하루도 빼놓지 않고 글을 쓴 아이들은 '완주상', 글쓰기 미션 네 개를 모두 수행한 친구들은 '미션 완수상', 친구들과 소통하면서 칭찬하는 댓글을 많이 쓴 친구들은 '우정상'을 받지요. '완주상', '미션 완수상', '우정상'을 받은 친구들은 명예의 전당에 올라갑니다. 줌 낭독대회에 특별 초대를 받고, 글쓰기 카페 폴더에 만들어둔 '명예의 전당'에 이름이 계속 남습니다. 어린이 글쓰기 18기부터 시작해서 25기까지 수많은 아이들이 명예의 전당에 이름을 올렸어요. 영광의 자리입니다.

총 25기 중에서 어린이 글쓰기 2기와 21기는 제게 더 의미가 있습니다. 참여한 학생 전원이 매일 글을 썼거든요. 평생 마음에 소중하게 담아두고 싶습니다.

한 달 글쓰기가 끝난 후 학부모님이 카톡방에 올린 소감도 소개합니다.

> 아이가 글쓰기를 좋아한다, 아이에게 책 읽는 재미가 생겼다. 글쓰기 부담이 줄어들었다. 아이가 숭례문학당 글쓰기를 애정한다. 아이가 선생님, 친구들과 글쓰기 하는 시간을 행복해한다. 다양한 친구들과 함께할 수 있어서 좋았다고 한다. 아이에게 작가가 되고 싶은 꿈이 생겼다. 생각+글쓰기 습관이 생길 때까지 계속하겠다. 이과형 두뇌와 감성형 두뇌가 조화롭게 되어간다. 매일 글쓰기 즐겁게 이어간다.

글쓰기가 이렇게 강력한 효과를 가져다주다니 전 매번 감탄을 했지요. 마지막으로 소감을 올린 학부모님은 "글쓰기는 밥을 먹는 것과 같다."라고 적으셨는데요. 밥을 안 먹고 살 수 없듯 아이들도 글쓰기를 하지 않고 살 수 없겠지요?

초등 글쓰기 어플리케이션 이용하기

세 줄 일기: 일기를 사랑하는 사람들의 공간

(무료, 평균 별점 4.7/5)

사진은 한 장, 글은 세 줄을 올려서 일기를 완성합니다. 일기장에 세 줄까지 작성할 수 있으니까 쓰기에 부담이 되지 않아요. '같이 쓰는 일기'를 선택한다면 최대 세 명까지 모일 수 있고, 개설할 때 공개와 비공개 중 하나를 정해야 합니다. 엄마와 아이 또는 친구들과 함께 쓸 수 있어요. 만일 세 줄보다 더 쓰고 싶다면, 숨은 글 공간에 적는 기능을 활용합니다.

백자 하루, 원고지 일기장

(무료, 단 비밀번호 설정 기능은 유료, 평균 별점 4.8/5)

100자 이내로 글자 수를 제한해서 글을 올리게 하는 앱입니다. 세 줄 일기보다 넓은 공간을 제공하는데, 글쓰기 분량에 대한 부담을 없애줍니다. 초기 설정화면에서 '백자 제한 사용'을 활성화하면 그 이상 올릴 수 없습니다. 글을 쓰고 저장을 하면 달력의 해당 날짜에 점으로 표시되니까 쓴 날을 쉽게 볼 수 있습니다. 원고지에 쓰는 것처럼 한 칸 한 칸에 글자가 입력되고, 탈고를 누르면 저장됩니다. 원하는 챕터에 들어가게 배치할 수 있습니다. 작성된 일기는 이미지 파일로 저장해서 SNS에 공유 가능합니다. 구글 드라이브에 백업도 가능합니다. 구매를 하면 광고 없이 이용하고 남이 보지 못하도록 잠금 기능을 사용할 수 있습니다.

온라인 글쓰기를 하다가
PC나 스마트폰 중독에 빠지지 않을까요?

Q. 아이가 게임을 좋아합니다. 얼마 전에 휴대폰을 사주었는데요. 한번 잡으면 손에서 놓으려 하지 않습니다. 아이가 글쓰기를 게을리하지 않았으면 하지만, 온라인 글쓰기를 한다면서 PC나 스마트폰 중독에 빠지지는 않을까 걱정스럽습니다.

A. 아이가 PC와 스마트폰 중독에 빠지지나 않을까 많이 걱정되시지요. 앞에서 최재붕의 '스마트폰이 낳은 신인류'라는 부제로 나온 『포노 사피엔스』(쌤앤파커스, 2019)를 소개하면서 말씀드렸듯이 이제 아이들의 손에서 PC와 스마트폰을 떼어내기란 어렵습니다. 초등학교 다닐 때까지는 어느 정도 통제할 수 있겠지만, 중학교에 올라간 후라면 부모님이 안간힘을 써도 막지 못하지요. 아이들이 왜 PC와 스마트폰에 매달리게 되는지 그 시작점을 생각해보면 좋겠습니다. 친구를 만나서 놀기 어렵고, 공부하느라 스트레스를 받고, 상처받아도 감정 표현을 제대로 하지 못하니까 답답하고 괴롭습니다. 가족이나 친구에게 마음을 보일 통로를 잃어버렸고. 어떻게 해야 하는지 그 방법도 잘 모릅니다. PC나 스마트폰이 아이의 친구 자리를 차지하는 거죠.

　발상의 전환이 필요합니다. PC나 스마트폰을 사용하지 못하게 할 게 아니라 전자기기를 통해서 또래 친구와 글로 소통할 수 있다고 알려주는 겁니다. 스스로 생각하는 훈련이 되어 있지 않을 때 아이들은 소위 게임 중독에 더욱 취약해집니다. 하지만 재미있는 게임과 동영상에서 빠져나올 수 있게 하는 힘을 글쓰기를 통해서 기를 수 있습니다. 게임은 '생각'할 시간을 주지 않지만, 하루 5분이나 10분의 글쓰기는 아이들을 '생각'하게 만드니까요. 물론 온라인 글쓰기를 하면 컴퓨터나 휴대폰 사용 시간이 늘어나겠지요. 대신 아이들은 생각할 수 있는 기회를 갖습니다. 나쁜 점과 좋은 점, 자신에게 미치는 영향을 비교해볼 수 있습니다.

아이들 입장에서 보면 글쓰기는 해도 되고 안 해도 되는 활동입니다. 시험 점수 올리기에 직접적으로 도움이 된다고 보지도 않지요. 부모님도 숙제나 시험에는 관심을 많이 갖지만 아이가 글쓰기를 싫어하면 금방 포기합니다. 아이들이 PC와 휴대폰에 관심을 보이는 시기부터 온라인 글쓰기를 접하게 해주세요. 게임을 하고 톡을 하면서 놀기도 하지만, 긍정적인 기능이 있다는 걸 배웁니다. 글쓰기를 하면서 자료조사를 하고, 자기 글이 책처럼 온라인상에서 발행되는 재미, 친구들과 생각을 공유하면서 노는 즐거움을 경험하게 해주세요. 글쓰기를 시작하고 싶은 마음이 들도록 PC와 휴대폰 사용 시간을 아이와 조율해봐도 좋습니다. 글쓰기를 하겠다고 한다면 그토록 원하는 게임 시간을 과감하게 늘려주세요. 작은 부분을 내어주는 대신 아이는 온라인 세상에서 '삶을 가꾸어갈 수 있는 글쓰기'를 하게 될 테니까요.

'쓰고 싶은 마음'이 들게 하는 게 먼저입니다

어른들은 아이들에게 생각하는 힘을 키워야 한다고 말하며 가야 할 방향을 아이들에게 제시합니다. 그렇지 않으면 아이가 잘못된 길로 들어설까 불안해합니다. 책을 읽을 때도 '이런 주제가 담겨 있어'라고 말해주어야 작품을 제대로 이해할 수 있다고 믿습니다.

저는 2018년 6월 초등 5~6학년 아이들과 처음 만난 이후 평균적으로 매달 네 번 정도 토론 모임을 진행했습니다. 그때마다 아이들의 생각의 깊이에 놀랄 때가 많았습니다. 삶에 대한 경험과 독서량은 많지 않지만 세상을 보는 눈은 어른과 아이가 비슷해 보였지요. 아이는 아래에서 올려다보고 어른은 위에서 보게 되니까 그 높이만큼만 다른 게 아닐까 싶었습니다. 아이도 어른처럼 독서, 토론, 글쓰기를 하면 생각의 폭을 넓혀갈 수 있을 테니까요.

『데미안』으로 성인과 아이 대상의 토론 모임을 각각 진행한 적이 있었습니다. 성인용으로는 민음사, 초등학생용으로는 푸른숲주니어에서 출판된 책을 선택했습니다. 토론 후 글쓰기하는 시간에 같은 질문을 했습니다.

"인간은 (　　)이다."라고 괄호 안에 빈칸을 채우고 왜 그렇게 생각하는지 이유를 말해보세요.

먼저 성인 대상 '교양북클럽' 회원들의 발언입니다.

> **사람은 불완전한 존재이다.**
> 사람은 노화와 죽음으로부터 자유롭지 못하고 인생에서 스스로 해결할 수 없는 불가능한 일들을 만나기도 하는 불완전한 존재입니다. 그래서 인간의 근원을 탐구하고 신을 믿으며, 철학과 과학을 발전시켜 나가는 존재인 것 같아요."(최하영)

> **사람은 '곧 별이 될 존재'이다.**
> 사람은 누구나 빛나는 별이다. 이것은 물리학적으로 사실명제이다. 칼 세이건도 '우리는 별의 물질로 만들어졌다'라고 말했다. 사람은 작은 원자의 신비한 결합체로 탄생했다. 사람의 삶은 우주 속 어디선가 흩어지고 뭉친 별들의 조각이기에, 내 심장 박동은 우주의 박동과 일치한다. 우주는 매우 큰 공간이기에, 그 공간

속에 '나'는 너무나 작고 외로울 수밖에 없다. 사람, 그 작은 생명체가 삶의 목표를 무엇으로 정할 수 있을까? 나 자신을 알아가는 것이 곧 세상을 알아가는 방법이다. 나와 내 옆에 서 있는 사람들, 그들과 함께 외롭지 않게 살아갈 수 있다면 얼마나 아름다운 인생인지⋯."(김윤아)

다음은 아이들의 글입니다.

인간은 개울이다. 개울마다 깊이가 다르다. 돌이 모일수록 개울 물이 얕아지고 없으면 깊어진다. 사람도 이와 마찬가지인 것 같다. 어떤 행동을 하느냐에 따라 생각의 깊이가 달라진다.

인간은 선과 악이 존재하는 또 다른 세계를 갖고 있다. 인간은 때로 선하고 때로 악하게 행동한다. 선하기만 하고 악하기만 한 세상은 없다.

인간을 개울로 비유한 아이는 얕을 때와 깊을 때를 비교하면서 이를 인간의 행동과 연결합니다. 다른 아이는 인간에게서 선과 악의 이중성을 발견합니다. 선과 악 어느 쪽에 가느냐에 따라 인간이 달라진다고 말합니다. 아이들은 인간의 양면성을 보여주기 위해 소설을 쓴다고 밝힌 서머싯 몸과 같은 생각을 합니다(『서밍 업』(위즈덤하우스, 2018)).

도널드 L. 핀켈 교수는 『침묵으로 가르치기』(다산초당, 2010)에서 학생 스스로 배우고 생각하는 교육법을 소개합니다. 그는 말로 가르치지 않고 '침묵'을 사용해 학생들이 주도적으로 이끌어가는 토론 수업 방식을 고수했습니다. 교사의 설명은 없습니다. 책이 학생에게 말을 걸고, 학생들이 소그룹으로 모여서 대화하면서 문제를 해결합니다.

저도 핀켈 교수의 교육법처럼 강사가 글쓰기 지도를 따로 하지 않아도 아이들 스스로 생각하면서 배울 수 있다고 믿었습니다. 그래서 아이에게 '잘 쓰는 법'을 가르치는 강사가 아니라 '쓰고 싶은 마음'이 들도록 도와주는 역할을 맡겠다는 목표를 세웠습니다. 아이들을 환대하는 글쓰기 공간을 만들어 그곳에서 아이들의 마음을 알아주고 응원하는 것입니다. 온라인 공간을 지키는 파수꾼이라고 볼 수 있죠. 저는 글쓰기를 두려워하는 아이들이 용기를 내어 시작할 수 있도록 격려하는 사람입니다.

글쓰기는 따로 뭔가를 배워야 하는 공부가 아닙니다. 글쓰기 놀이터에 풀어놓기만 해도 아이들은 어떻게 글을 가지고 놀아야 하는지 자연스럽게 터득합니다. 숲에 가면 곧게 위로 뻗은 나무도 있고 휘어진 나무도 있는 것처럼 아이들도 자기 성향대로 아름답게 가지를 뻗어 나갑니다. 아이들의 문장을 만지거나 글짓기 지도를 따로 할 필요가 없습니다. 강사는 글을 쓰며 커나가는 아이들을 위해 땅과 햇빛, 바람과 물을 제공해 나무를 가꾸듯 정성을 다해 돌볼 뿐입니다. 여기서 땅은 온라인 글쓰기 공간, 햇빛은 글감, 바람은 친구들과의 소통, 물은 부모님과 강사의 칭찬에 해당합니다. 나무가 자라는 데 필요한 모든 것을 제공하는 것입니다. 쓴 글을 지우는 지우개나 첨삭용 가위, 혹은 모양을 잡아주는 고정대 같은 건 존재하지 않습니다. 재촉하지 않고 느긋하게 기다려주기만 하면 됩니다. 아이들은 '잘 쓰는 법'을 가르치는 공간을 원하지 않습니다. 단지 자기가 보고, 듣고, 말하고, 생각하고, 느낀 것을 자유롭게 표현하고 싶어 합니다. 마음껏 놀 수 있는 온라인 글쓰기 공간을 발견한다면 아이들은 친구들과 함께 즐겁게 글을 쓸 것입니다.